超有趣的
天气图鉴

哎呀，
天空竟然这样神奇

2

〔日〕荒木健太郎 ◉ 著

栾殿武 ◉ 译

北京联合出版公司
Beijing United Publishing Co.,Ltd.

前言

"云彩为什么会一团团地飘浮在天空？""我想寻找天空的彩虹色""雪的气味是什么呢？"当我们仰望天空时总会浮想联翩，充满各种好奇。

在《哎呀，天空竟然这样神奇：超有趣的天气图鉴 1》（以下简称为《图鉴1》）中，主要介绍了关于云彩和天空以及天气的内容。本书将介绍更多关于天气的故事、神奇的自然现象，以及更有趣的观天之道。各位可以从目录中选取自己喜欢的部分阅读。在《图鉴1》中详细介绍过的内容，标注有参考页码，两本书可一起阅读。

天空，是我们每天都接触的自然，如果你了解天空，就能了解天气。了解天气不仅能避免被雨水淋湿，还能观赏天空美景，邂逅奇异的云彩，让生活丰富多彩。

希望各位读者通过阅读这本书，更加喜爱天空和云彩，与天气交朋友。

当你仰望天空，观察蓝天和白云以及彩虹时，**如果用肉眼直视太阳，有可能会灼伤眼睛，非常危险。** 即使戴太阳镜，如果不是专业产品，也无法阻隔刺眼的阳光。所以，还需利用建筑物的阴影观察天空，不要直视太阳，务必注意安全。

卡通人物介绍

本书将出现以下与气象有关的
可爱形象

团团

它是气团（air parcel），受
热后会喝很多水蒸气，喝饱之
后便制造大量云朵，有时还会
凭借身强力壮，呼风唤雨。

积雨云

积雨云既有积极的一面，
也有消极的一面，它的性
格与人类相似。它偶尔会
在晴天兴风作浪，是天气
突变的标志。日本各地有
许多不同的称呼。

彩云

自古以来人们认为彩云是吉祥
的征兆，其实是我们常见的云。

昆虫

在天空中飞来飞去的它们只是
随风逐流。

热对流君

天气晴朗时受热升空，形成积云。

高气压和低气压

天气预报的主角。由于形成它
们的空气不同，两者性格不同。

地球和太阳

来自太阳的能量控制着地球的
天气。

天空中的颗粒们

水蒸气	温室气体	大气中的微粒 （气溶胶颗粒）	云滴

雨水的颗粒（雨滴）　　**冰的结晶**（冰晶）　　**雪的结晶**（雪晶）　　**霰**

你可以从下一页开始数一数书里共有多少个水蒸气（粉色和蓝色）和温室气体（绿色）！

（答案在第171页）

目录

1 | 超有趣的 云彩的故事

2 超有趣的 天空的故事

3 超有趣的 气象的故事

4 超有趣的 季节 的故事

5 | 超有趣的 天气的故事

超有趣的 云彩 的故事

因为有云彩，天空才拥有丰富的表情，令人感到美丽和有趣。
云彩是左右天空状况的重要因素，它和我们的日常生活密切相关。
一起来观察我们身边的大自然，了解云彩的魅力吧！

01

云彩里到底有什么？

乘坐飞机飞向云端，体验洁白的世界。

在高空中遇到冰晶构成的云团时能看到晕和弧（第45页）。

"**好**想腾云驾雾！"你是否有过这种想法呢？**云**是由无数的水滴和冰晶组成的飘浮在大气中的集合体。所以，非常遗憾，即使你想腾云驾雾，身体也会直接从云端坠落下来。那么，云彩里到底有什么呢？

云彩里是一片白茫茫的世界。云彩之所以看上去是白色，是因为云滴受到太阳光的照射后向四面八方发散（**米氏散射**：《图鉴1》第25页），于是，云层中被白色的光所

雾中放晴时看到的白虹
（《图鉴1》第64页）。

在山上或飞机上能看到自己或飞机影子周边出现彩虹色的布罗肯现象（第44页）。

笼罩，白茫茫一片，视野模糊不清。而雷暴云（积雨云）之类厚重的云团，光线难以照射到底部，云层中一片昏暗。

　　我们乘飞机时就能轻松体验到云端的世界。当进入高空的薄云（卷层云），就能很清晰地看到七彩斑斓的晕和彩虹般的弧（第42页）。另外，我们在登山的时候，也能走进飘浮在山间的云雾之中。平时在地面上行走，当你走进飘浮于地面的云——雾（第60页）中，也同样能体验进入云彩里的感觉。下雨后的第二天清晨最容易起雾，如果你想体验进入云端的感觉，不妨走进雾中感受一番吧。

小知识　云彩里的湿度竟高达100%！空气十分湿润。如果是比较厚的云（雾），每立方厘米中包含100~1000个云滴。虽然云雾很有趣，但需注意不要久留，以免弄湿衣服或头发导致感冒。

02

数云彩的量词根据其形状而不同

当你数云彩的时候会使用什么样的量词呢？**云彩的量词**根据其形状而有所不同。

云彩大致有十种类型，一般称为**十云属**。其中较为细小的云彩称为"一片"，鱼鳞云（卷积云）等细小波纹状的云按照"一点"来计数。棉花云（积云）和阴云（层积云）等块状云用"一团"或"一朵"计数。"一朵"可以用来描述"一朵花"，"朵"表示枝条上的花朵。滚滚升起的入道云（浓积云）像一座大山，量词用"座"。细长的丝条云（卷云）称为"一条"；带状的云称为"一缕"；飞机云称为"一道"；薄云称为"一抹"；绵羊云（高积云）聚集成团，可称为"一群"或"一丛"；布满天空的层状云称为"一层"。

根据云彩不同的形态或性格，它们的名称和量词也随之发生变化。当你仰望飘浮在天空的云彩时，先分辨它们是什么类型（《图鉴1》第16页），然后用不同的量词数一数吧。

一片

↑一片即将消失的棉花云（积云）

一座

↑像大山一样高大的入道云（浓积云）

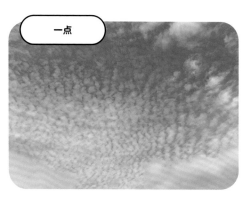

一点

↑一点点鱼鳞云（卷积云）

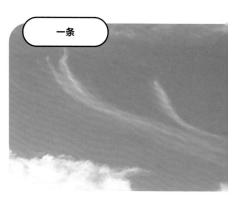

一条

↑一条条细长的云（卷云）

一团、一朵

↑一团团棉花云（积云）

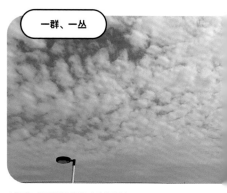

一群、一丛

↑聚集成团的絮状云（高积云）

小知识　云的繁体字是雲，即雨+云，其字源的一种说法是，下面的"云"字是由云彩反转的形状演变而来；而日本汉字学家白川静博士认为"雲"字是由龙的尾巴缠绕起来从云彩下方窥视的形状而来的。令人产生无限遐想……

03

用一根手指宽就能分辨出卷积云和高积云

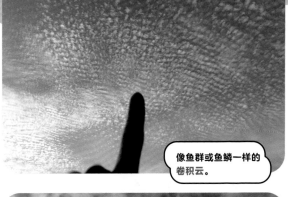

像鱼群或鱼鳞一样的卷积云。

像绵羊群一样的高积云。

高远的天空中飘浮着团团白云，让人联想到风清气爽的秋日。这些秋日的云彩有叫作沙丁鱼云、鱼鳞云、鲭鱼云的**卷积云**；也有叫作绵羊云、丛云、斑点云的**高积云**。虽然它们看上去十分相似，但我们用**一根手指宽就可以分辨出来**。

首先，在高于水平视线三个拳头以上的高度，把手伸向天空。然后，竖起食指对准

➡三个拳头测试法。先将手臂伸直到眼睛前方，拳头（大拇指朝上）与视线保持水平。然后将另外一个拳头放置其上，然后再叠加一次，这就是三个拳头的高度。在此高度伸直手臂观察云朵。

交叉叠加3次

视线高度

▼ 用一根手指宽就可以分辨出云的名称

高度（千米）

在视线上方三拳处把手臂伸向天空。

卷积云（鱼鳞云）
1根手指宽以内

高积云（绵羊云）

1~3根手指宽

层积云（阴云）

无论是大人还是孩子都可以使用这个方法来辨别！

5~10根手指宽

10

5

2

0

云朵。此时，每一朵云的大小在一根手指的宽度以内是卷积云；相当于1~3根手指宽则是高积云。近距离观察这些云，它们的大小几乎一样，不过，卷积云属于高云族，出现在可产生云的大气层（**对流层**）的上层高空；而高积云是产生在对流层中间的中云族。所以，距地面更远的卷积云的每个云朵看上去会更小。另外，在较低的天空出现的低云族的阴云（层积云）则是5~10根手指宽。

任何人都可以使用这个方法轻松分辨出云彩的种类。如果你感到困惑，就请把手伸向天空试试吧。

小知识　当锋面和低气压从西边接近时，经常能看到卷积云和高积云，这是因为空气的湿度自高空开始逐渐增加。听到天气预报播报"从西边开始变天"，就有机会看到这些云团。

04

出现一团团的云彩是因为大气不稳定

一团团白云飘浮在蔚蓝的天空，这是**积云**（棉花云）。积云像大团大团的棉花是有原因的。

天气晴朗的日子，地面因受太阳光的照射而升温，在距地面较近的空气中**上升气流**和**下沉气流**比邻排列，从而产生**热对流**现象。这种现象也可以在热腾腾的味噌汤表面观察到，由于它类似细胞（cell）状分布，所以也叫作**细胞对流**。热对流中被上升气流（**热泡**）抬升的地面附近的空气便形成积云。而且，当上升气流通过云层时会扰乱原本的气流，因此，积云便呈现出一团团的姿态。不过，上升气流较弱的层云、高层云和卷层云则不会形成大团状。

如上所述，我们可以理解为：天空出现一团团的云彩是因为有上升气流。积云的寿命只有几分钟到十分钟左右，不久便会消失。所以，如果一直眺望有积云的地方，有可能会目睹到下一团积云产生的过程。

一团团的积云。

▼ 一团团积云的形成原理

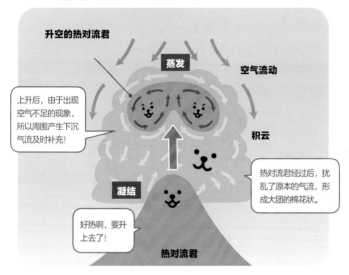

升空的热对流君

蒸发

空气流动

上升后，由于出现空气不足的现象，所以周围产生下沉气流及时补充！

积云

热对流君经过后，扰乱了原本的气流，形成大团的棉花状。

凝结

好热啊，要升上去了！

热对流君

观察小实验

↓观察碗中的味噌汤就可以看到热对流现象。在平底锅内加入少许味噌汤，然后用小火加热，味噌汤立刻会呈现出细胞状分布的样子，非常有趣。

➡海上层积云的气象卫星图。云朵正如细胞一样排列，细胞对流现象清晰可见。和旁边味噌汤的照片十分相似。

小知识 一大团积云是出现上升气流的标志，如果驾驶滑翔机等没有引擎的航空器，可以利用积云飞向高空。在万里无云的晴空中出现热对流的上升气流，气象用语称为**晴空热泡**。

05

通过云朵的浓密程度可以判断是否快要下雨了

顶部平坦的扁平积云。

⬆云层顶部有稳定的空气层，犹如一个盖子防止云团发展。

观察小实验

一团一团的中积云。

⬆这个阶段还不会下雨。

最能代表夏季风景特色的是天空中滚滚升腾的一团团白云。夏季的天气变化无常，但是，通过云朵的浓密程度可以判断是否快要下雨了。

首先，天空出现的云是**积云**。积云的顶部平坦时（**扁平积云**），说明大气状态**稳定**，云团很难进一步发展，所以天气保持晴朗。相反，在大气状态**不稳定**的条件下，云团有发展的趋势。在积云的顶部出现突起的是中积云，随着它的发

发展为入道云（浓积云）。

←在这种云层下方会出现降雨现象。浓积云顶部可以看到头发状的结构，或者形成伴随着风暴的积雨云。

伴随砧状云的积雨云。

➡云层的发展极限高度取决于大气的不稳定程度，如果极不稳定，它们可以到达十几千米高的**对流层顶**。由于它们与铁匠使用的铁砧形状相似，所以称为砧状云（《图鉴1》第37页）。在这种云层下面会形成雷雨天气。冬季，积雨云也会在日本海一侧带来降雪和雷电（第120页至第123页）。

展便会形成**浓积云**，也称为**入道云**。在浓积云的下方会下起淋浴般的大雨，如果云团进一步发展，就会变成伴有风暴的**积雨云**。当云团发展到极限高度，积雨云的顶部会形成横向扩展的云，称为**砧状云**。在这种砧状云的下方，便会出现倾盆而泻的雷雨。

通过观察云团来预测天气的变化，可以称为**观天望气**（第138页）。特别是夏季天空中滚滚升腾的云团，是天气即将突变的征兆。一定要赶在下雨之前尽快回家。

小知识

虽然浓积云和积雨云是夏季的特征，但在太平洋沿岸一侧的冬季，如关东地区，由于上空的强冷空气会导致大气状态不稳定，因此也会形成积雨云。冬季的积雨云和夏季的相比，虽然云层的高度并不高，但它们仍然会滚滚升腾。

06

要注意积雨云下面出现的「雨柱」！

▼ 积雨云下面出现的雨柱

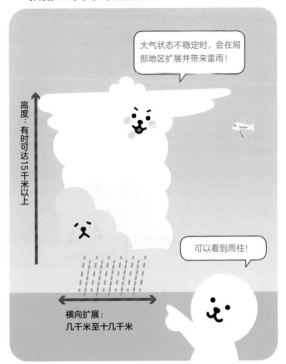

大气状态不稳定时，会在局部地区扩展并带来雷雨！

高度：有时可达15千米以上

可以看到雨柱！

横向扩展：
几千米至十几千米

晴空万里的蓝天突然乌云密布！这是**积雨云**即将来临的征兆。有时在积雨云之下，还会看到昏暗的**雨柱**。

积雨云会在不稳定的大气状态下发展，并带来雷雨。它是十云属中自身厚度最大的云，积雨云的顶端甚至可以超过15千米。积雨云中有水滴和冰晶，它们伴随着强烈的上升气流形成雪或霰，在下降过程中融化，最终变成雨水降落到地

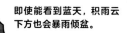

即使能看到蓝天，积雨云下方也会暴雨倾盆。

⬇冬季积雨云下面降雪或霰时，会看到云雾升腾的情景。这是因为地面干燥，雪或霰在降落途中蒸发，形成尾迹云。

⬆如果突然乌云遮天冷风大作，积雨云有可能即将来临。请参考与积雨云相关的观天望气（第138页）内容。如果发现天气突变，可通过气象部门的网页查看积雨云的位置。

云雨动向	🔍

面。雨水看起来像一根粗大的柱子，因为积雨云的横向扩展范围较小，只有几千米到十几千米，其中还会有猛烈的降雨。

由积雨云引起的局部暴雨有时也称为**游击暴雨**（《图鉴1》第110页）。当积雨云来到头顶上方时，瞬间就会下起倾盆大雨。如果能看到雨柱，说明积雨云已经距离很近了。我们需要立即进入建筑物内躲避，以确保自身的安全。

小知识　了解积雨云的位置和变化可查看气象部门的网页，有气象雷达的实时数据，强降雨地区一目了然。这是查看夏季不稳定天气的必备工具，可灵活使用哟。

07

就像一个大家族？

世代交替的积雨云

积雨云是典型的会带来灾害的云，或许给人的印象是一种恐怖的云。可是，**积雨云**本质上是一种像人一样的、人情味十足的云（《图鉴1》第34页）——它乘着暖气流上升，达到极限高度后开始消沉，在逐渐消失的过程中会抬升其他的暖气流，并与下一代连接……不仅如此，令人震惊的是，有的积雨云之间竟然就像一个大家族。

它的名字叫作**多单体风暴**（multi-cell storm），单体（cell）原意为细胞，特指云团内的上升和下沉气流。多单体风暴是一个巨大的积雨云，云团内存在着多个不同成长阶段的积雨云单体。单个积雨云的寿命一般在30分钟至1小时，但多单体风暴中进入衰退期的单体可以产生新的积雨云，所以其整体寿命可以达到数小时。一个人难以达成的目标，世代交替便可以完成……这便是积雨云的**人情味**所在！

尽管如此，多单体风暴仍然是会引发暴雨、龙卷风、冰雹等灾害的云。我们需要积极运用气象雷达的信息，在生活中与积雨云保持一定距离，保护好自身的安全。

▼ 多单体风暴图示

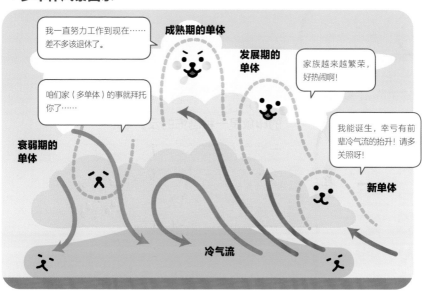

引发雷雨的多单体风暴。如果地面和天空的风向和强度不同，很容易产生积雨云团。

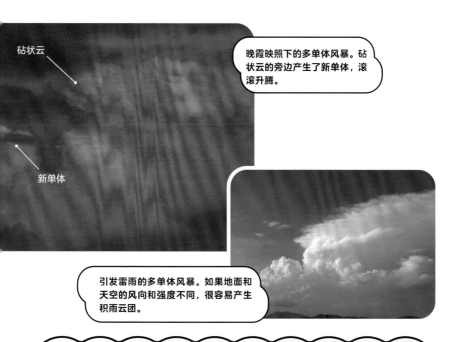

晚霞映照下的多单体风暴。砧状云的旁边产生了新单体，滚滚升腾。

小知识　当出现积雨云时，气象部门会发布雷电预警信号。由于多单体风暴和超级单体风暴（第24页）会引发龙卷风和冰雹，如果雷电预警上标注"警惕龙卷风和冰雹"，就有可能会出现多单体风暴。

08

原来是超级单体？

《天空之城》中的「龙巢」

日本最负盛名的动画电影《天空之城》（吉卜力工作室）中出现过一种名为**龙巢**的巨大云层。它究竟是什么样的云呢？我们来做一番科学分析。

首先，因为"龙巢"云团整体进行的是逆时针旋转，所以，基本可以认为它是一种包含了北半球小型低气压（第88页），名为**超级单体**（classic supercell）的巨型积雨云。通过剧中飞艇本应向东飞行，结果却向北飞行（受低气压气流影响）的事实，以及在这个场景中，角色惊叫道："汞柱正在迅速下降！"假定飞艇保持一定高度的前提下，通过这句证词可以猜测飞船正朝着低气压区的中心前进。在抵达云层附近时，剧中人物大呼："对面刮的是逆时针方向的风！""那边有一堵风墙！"如果飞艇是被吹向超级单体北部，那么，相对于伴随超级单体的逆时针东风，上空就是西风（第90页），这一特征与台词吻合。由此可见，"龙巢"是典型的超级单体。

如果尝试像这样科学地思考动画作品中描绘的云和天空，我们就可以同时享受到动画和云带来的乐趣。

有关"龙巢"的科学分析

龙巢 ⇒ 从构造上来说是典型的超级单体。但是，在画面中没有看到明显的降水粒子。所以，龙巢也有可能是低降水超级单体风暴（low-precipitation supercell）。

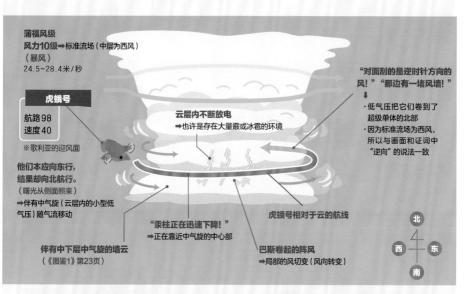

蒲福风级
风力10级⇒标准流场（中层为西风）
（暴风）
24.5~28.4米/秒

虎蛾号

航路98
速度40

※歌利亚的迎风面

他们本应向东行，结果却向北航行。
（曙光从侧面照来）
⇒伴有中气旋（云层内的小型低气压）随气流移动

伴有中下层中气旋的墙云
（《图鉴1》第23页）

云层内不断放电
⇒也许是存在大量霰或冰雹的环境

"汞柱正在迅速下降！"
⇒正在靠近中气旋的中心部

巴斯卷起的阵风
⇒局部的风切变（风向转变）

虎蛾号相对于云的航线

"对面刮的是逆时针方向的风！""那边有一堵风墙！"
↓
·低气压把它们卷到了超级单体的北部
·因为标准流场为西风，所以与画面和证词中"逆向"的说法一致

北
西 东
南

※因为云整体是逆时针方向旋转，所以，可以判断为北半球低气压性质的旋转。朵拉所说的"如果能赶上信风……"这一点有误，应该是中纬度的偏西风。大概是因为情绪激动才出现口误？

※本次分析主要着眼于名为"龙巢"的巨型积雨云，通过影像和证词调查分析了其构造和环境。为了确保科学性的可信度，本次分析忽略了云层内的静止空间构造（也有台风眼的考证）。

下层的中气旋伴随有墙云

↑现实世界中的**超级单体**。它是大气状态非常不稳定时出现的巨型积雨云，有时会带来猛烈的龙卷风（《图鉴1》第122页）。

↓重叠的**荚状云**有时也会被称为龙巢。当气流翻越山脉时会出现这种云团，人们也称之为飞碟云（《图鉴1》第42页）。

小知识 动画和漫画以及小说等许多文艺创作都是虚构的作品，因此，作品中的内容并非都必须符合科学常识。即使有些不符合科学常识的描写，也没有必要小题大做。我们可以一边欣赏作品，一边分析作品中出现的云层。

用水杯就能了解云的构造

利用我们生活中的一些日常用品，就可以了解云的形成原理。比如，观察装有冰水的水杯外侧凝结成的水滴（**结露**）也是方法之一。

温度高的空气中含有许多**水蒸气**（气态的水），当温度下降时，空气中水蒸气的含量也相应减少。一旦温暖且潮湿的空气上升之后（第28页），因为某种原因温度下降，空气中水蒸气的含量就会超出极限值（**饱和**），以液体的形态溢出。这就是云。装有冰水的水杯表面使周围的空气冷却而形成水滴，这和云的形成原理是一样的。结露的水滴体积增加到一定程度时，会与其他水滴结合，重量增加后便开始降落。这也和雨是从云体内降落的原理相同。

许多人都认为云距离我们很遥远，其实我们喝的热汤或者吃拉面时的热气，甚至在冬季呼出的白气也是云的一种。如果有兴趣，就请寻找一下生活中还有哪些类型的云。

▼ 云的形成原理

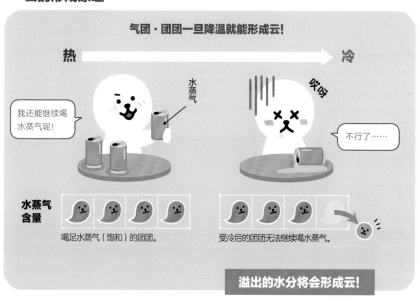

气团·团团一旦降温就能形成云！

热 ⟶ 冷

水蒸气

哎呀

我还能继续喝水蒸气呢！

不行了……

水蒸气含量

喝足水蒸气（饱和）的团团。

受冷后的团团无法继续喝水蒸气。

溢出的水分将会形成云！

⬆ 虽然我们在这里只专注于空气湿度的极限值，但实际上还需要空气中的微粒（气溶胶颗粒）作为形成云的凝结核（《图鉴1》第26页）。

空中只要有云朵就会有团团……

唔！

唔！

水杯上的云和雨。

水杯上的水滴是云！体积变大后会和雨一样要掉落下来！

观察小实验

小知识　气团（团团）中含有的水蒸气一旦突破极限，水蒸气就会形成水滴而溢出生成云。今后，每当你仰望天空的云朵时，应该会想到团团喝多时的模样吧……

27

10

使用塑料瓶轻松制造云朵的方法

你想和云来一次亲密接触吗？——那就告诉你一个好消息！**使用塑料瓶就能轻松制造出云朵。**

首先，准备好一个空塑料瓶（碳酸饮料瓶）、酒精喷雾器、碳酸饮料加气盖（装在塑料瓶口，防止碳酸饮料气体溢出的瓶盖）。先向瓶内喷入消毒酒精（图 **❶**），再装上碳酸饮料加气盖，反复加压后（图 **❷**），打开瓶盖，瞬间就能制造出云朵（图 **❸**）。用碳酸饮料加气盖加压后，瓶内的**气压**（空气挤压物体的力量）就会随之增强，当打开瓶盖后，由于瓶内与周围的气压不同，所以瓶内的空气会膨胀（**绝热膨胀**）。于是，空气会把自身的热量用于膨胀的能量，从而导致瓶内温度下降（**绝热冷却**）。随着空气的饱和，便产生出云朵。

此原理和地面空气被抬升到气压较低的上空，形成云层的原理相同。这个小实验十分简单，来挑战一下吧。

▼ 空气逐渐被抬升，形成云朵的原理

谁都要经历这个过程哦！

啊——

大家都消失不见了呢。

变大了。

气压降低，产生绝热膨胀
➡绝热冷却后随之饱和，形成云层

↑ 上升

推呀推！

哇！

随着上升气流产生的积云或积雨云是根据这个原理生成的。

即使没有碳酸饮料加气盖也能制造出云朵

用较软的塑料瓶完成❶后，盖上瓶盖用力拧后再放开……

❶ 使用喷雾器喷酒精

空气湿润，形成云的凝结核微粒进入瓶中。

用酒精喷雾器向空瓶中喷酒精2～3次！酒精成为形成云的凝结核（《图鉴1》第26页）。

❷ 按压碳酸饮料加气盖

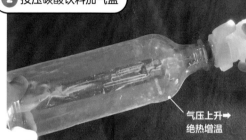

气压上升➡绝热增温

按压碳酸饮料加气盖大约20～30次，保持到无法再填充空气的状态下即可。塑料瓶内的空气出现收缩（**绝热压缩**）后温度会略有上升（**绝热升温**）。

❸ 迅速打开瓶盖

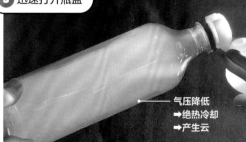

气压降低
➡绝热冷却
➡产生云

只要迅速打开瓶盖，云朵就制造完毕！

小知识 即使没有碳酸饮料加气盖，利用能够用手挤压的较软的塑料瓶，喷入酒精后用力拧几次，也同样可以制造出云朵。挤压塑料瓶需用力，一定要和大人一起来完成哦！

11

冰棒也能制造云朵

把冰棒从包装袋里拿出来的时候，你会看到冒出白色的气体吧？其实，这也是云！

刚把冰棒从袋子里取出来时，冰棒的温度还处于0摄氏度以下。当冰棒表面附近的空气受冷后，空气中含有的水蒸气有所减少，空气饱和就会产生云。此时，冷空气比暖空气密度大，而且质量较重，所以冰棒附近被冷却的空气会产生下沉气流。于是，冰棒产生的**冰棒云**会乘着这个下沉气流向下流动。

把用作保冷剂的干冰放入水中时，产生的烟雾也是由此原理形成的云，它们是随着冷空气流动而来的。在天空中，温暖湿润的空气经过寒冷的海洋或陆地，逐渐冷却产生水蒸气凝结的**平流雾**，原理是相同的。

如果你看到冰棒周围的雾状气体，不妨把手放到冰棒旁边，感受一下凉凉的天空的云的触感吧。

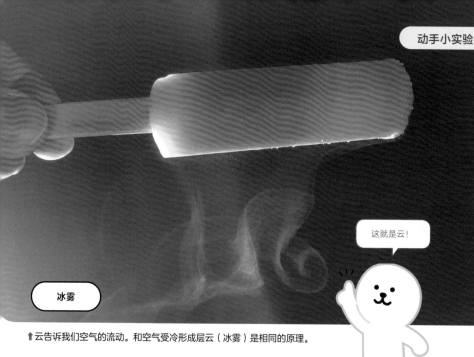

这就是云!

冰雾

↑云告诉我们空气的流动。和空气受冷形成层云（冰雾）是相同的原理。

干冰云

↑直接用手触摸干冰会受伤，很危险！而且，干冰变成的气态二氧化碳会沉积在低处，**为了防止缺氧，需注意通风！**

平流雾

➡拍摄于千叶县铫子市。从海面产生的平流雾（海雾）笼罩铫子港的景象。

小知识

冰棒上的雾状气体是空气湿润时容易产生的现象，常见于闷热的夏天，但干燥的冬天比较罕见。冰雾的照片是冬天用加湿器使空气足够湿润后，在室内拍摄的。

31

12

下雨后天气变得凉爽宜人的原因

▼ 水的转变和潜热的转换

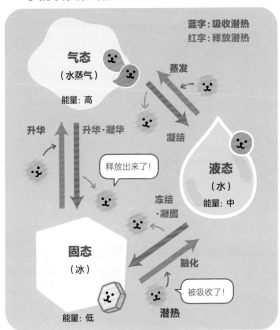

炎热的夏季，下过一场雨后，想必你一定会感到天气变得凉爽宜人。这是为什么呢？其秘密在于水的特性。

水有三种状态：气态的水蒸气、液态的水、固态的冰，改变为另一种状态称为**相变**（相转变）。水拥有的能量从高到低的排序为气态、液态和固态。当水从低能相转变为高能相时，它必须通过从周围环境中夺取热量来弥补热量不足

浓积云和幞状云。

➡在蓬勃发展的云层中不断产生凝结，释放出潜热，使云层的温度略微升高。

从积雨云延伸出来的雨柱。

⬅有时，在下雨之前会刮起一阵冷风，这是云内的冷空气流出来的缘故（第140页）。

的部分；相反，当从高能相向低能相转变时，需要释放出热量。这种热量的转换称为**潜热**。

　　下雨时，不仅地面上的雨水会蒸发使地面和空气冷却，而且云中的雪或霰的融化，以及由雨水蒸发所冷却的空气也会一起降落下来，使空气变得凉爽。我们出汗后立刻吹电风扇也会感到凉爽，这是因为汗水在蒸发的过程中排出了皮肤的潜热。今后，当你在吹电风扇时，请联想一下云和雨吧。

小知识

在不断发展壮大的云层中，因云滴的凝结、冻结或者升华释放出潜热，特别是在积雨云的顶部附近，与周围区域相比，温度要高几摄氏度。人如果渴望达到更高的境界，必须得充满干劲和热情。

13

夜晚的云在街灯的映照下如梦如幻

夜晚的天空一片漆黑，然而，云朵看上去却闪现着朦胧的光芒。这是城市街灯的光线和月光映照在云层上产生了**散射**的缘故。

白天的云之所以是白色的，是因为有太阳光的照射。在太阳光中，我们人眼可以识别的颜色称为**可见光**，其光波的长度（波长）从短到长依次为紫、靛、蓝、绿、黄、橙和红，呈现不同的颜色。当太阳光照射到云滴（可见光波长大于或等于）时，所有颜色的光都会以同样的方式散射（**米氏散射**），多种颜色混合在一起。所以，云彩看起来是白色的。夜晚，没有了像太阳那样的强光源，街灯的颜色直接被云层散射，所以云层看上去五彩缤纷。

特别是当夜空中**低云层**密布时，我们很容易看到云层被街灯染上了颜色。如果从高处俯视雾或低云层形成的**云海**，也许还能看到街灯渲染下美丽的城市夜景。如果在夜晚看到彩色的低云层，那就寻找一下附近有怎样的光源吧！

在城市灯光的映照下，夜空的云层绚丽多姿。

五彩缤纷的云海如梦似幻。

观察小实验

➡ 在东京晴空塔霓虹灯的映照下，云层异彩纷呈。冬季低空中出现冰云或降雪时，在冰雪结晶的光照反射下，夜空会显得格外明亮。

小知识 当天空出现低云族的雾云（层云）时，从光照强的建筑物发出的不规则光线映照在云层上，云层也好像有灯光在闪烁。在怀疑是否遇到UFO（不明飞行物）前，先找找看是否有强光源。

14

一周之内究竟星期几容易产生积雨云？

活跃的积雨云顶部出现了砧状云。

东京市中心上空飘浮的云朵。天空灰蒙蒙的，似乎有气溶胶颗粒的影响。

有一项研究结果令人惊讶，其中显示：**星期三容易出现积雨云！**

特别是在东京等人口聚集的大城市，人类的活动工作日比休息日更活跃。因此，受人为热排放因素的影响，工作日的气温偏高，休息日的气温偏低，这是一种**周末效应**。它也影响到了飘浮在天空中的微小尘埃（**气溶胶颗粒**）的浓度。据研究表明，由于重型卡车行驶等人类活动，星

▼ 气溶胶颗粒对积雨云的影响

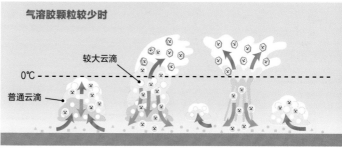

气溶胶颗粒较少时

较大云滴
0℃
普通云滴

气溶胶颗粒
微小云滴
普通云滴
大型云滴
雨滴
冰晶　霰

➡由水滴组成的较低的水云中，如果气溶胶颗粒较多，云滴相应会增加，每个云滴成长所用水蒸气的含量会减少，所以很难形成降雨。但是，如果是含有冰晶的较厚的积雨云，水蒸气的供给量充足，雨量也相应增大。

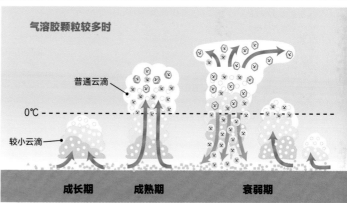

气溶胶颗粒较多时

普通云滴
0℃
较小云滴

成长期　　　成熟期　　　　衰弱期

期二至星期四的尘埃浓度较高。气溶胶颗粒的多少与产生云的条件有关（《图鉴1》第26页）。在较干净的天空，积雨云内会迅速形成降雨；但是在有污染的天空，虽然云团会不断产生，但很难形成降雨。结果就是水蒸气的供给量增加，促使积雨云成长，一般多在星期三出现降雨天气。

目前，这个推理还在讨论中，但是，人类活动的确会对天空产生各种影响。为了能够与云和睦相处，就请先从了解天空开始吧。

小知识　由于新型冠状病毒的影响，自2020年春天开始，日本全国的人类活动受到限制，东京市内的气温在4～5月间平均下降了0.5摄氏度。普遍认为，这是因为人们的日常活动受到限制，人为热排放也相对减少。

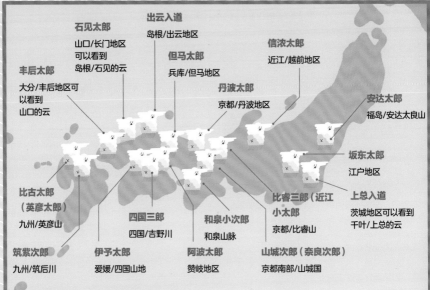

出云入道
岛根/出云地区

石见太郎
山口/长门地区
可以看到
岛根/石见的云

但马太郎
兵库/但马地区

信浓太郎
近江/越前地区

丰后太郎
大分/丰后地区可
以看到
山口的云

丹波太郎
京都/丹波地区

安达太郎
福岛/安达太良山

坂东太郎
江户地区

比古太郎
（英彦太郎）
九州/英彦山

上总入道
茨城地区可以看到
千叶/上总的云

比睿三郎（近江
小太郎）
京都/比睿山

四国三郎
四国/吉野川

和泉小次郎
和泉山脉

筑紫次郎
九州/筑后川

伊予太郎
爱媛/四国山地

阿波太郎
赞岐地区

山城次郎（奈良次郎）
京都南部/山城国

*一部分积雨云即使名称不同也有可能指相同地区的积雨云。

积雨云在不同地区名称也各异

　　入道云（浓积云）和积雨云作为日本夏季风景的特色之一，自古就受到人们的喜爱，因此各地也有不同的称呼。在关东地区的江户称为**坂东太郎**，这个名称本来特指利根川。这条河的上游出现的积雨云沿着河流扩展到平原地区，由此得名。源于河流的积雨云名称还有九州地区筑后川的**筑紫次郎**，四国地区吉野川的**四国三郎**。除此之外，还有京都的**丹波太郎、山城次郎、比睿三郎**三兄弟最为著名。

　　入道云的名称源于僧侣的光头或者神话传说中的"大入道"（光头妖怪），因为用拟人化的方式描述自然现象是日本文化的特点之一。由于积雨云与农业、渔业等日常生活密切相关，在各地便有使用"旧地名+太郎"的命名方式来为积雨云取名。你所在的地区是否有积雨云的特别名称呢？也许是一个很有趣的发现。

2

超有趣的
天空的故事

天空会呈现出令我们感动的绚丽多姿的景象。
如果我们了解一些天空的原理，
将会有更多机会，邂逅更多罕见的天空美景。
一起来打开通往天空世界的大门，
让生活变得更加丰富多彩！

15

彩云的方法

世界第一简单的寻找

←这是观察彩云时的姿势。移动至能遮住脸部的建筑物阴影中拍摄。如果建筑物的檐角刚好遮挡住太阳，就可以更大范围地观察到太阳周围的天空。

荚状卷积云的彩云。

↑即使在0摄氏度以下的天空，鱼鳞云（卷积云）和绵羊云（高积云）内也会生成很多因过冷却而保持液体状态的水滴，所以很容易出现彩云。如果上空的风力较强，云朵就会成为荚状，我们就有机会看到大面积的彩云。

绚丽多彩的云朵——**彩云**。它通常被认为是罕见的云彩，不过，只要掌握一些简单实用的小技巧，一年四季中就能经常和它见面。

彩云的形成是一种光的衍射现象。太阳光照射到鱼鳞云（**卷积云**）等云彩中的水滴产生折射（**衍射**），在距离太阳一个拳头范围内的天空便会生成彩云。因此，首先确认天空是否有卷积云（图❶），随后进入建筑物的阴影中（图❷）。此时，务必要确认自己头部的影子也要进入阴影，

遇见彩云的小技巧

1 寻找鱼鳞云（卷积云）

确认天空是否有卷积云（第14页）。

2 进入建筑物的阴影

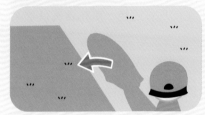

确认自己脸部的影子进入阴影中。

3 寻找刚好遮挡住太阳的位置

注意避免直视太阳的同时调整自己的位置。

4 发现彩云！

紧靠太阳周围的卷积云会变成五彩缤纷的彩云！

⚠️ **直视太阳可能会伤及眼睛，非常危险。**
请从建筑物的阴影中仰望天空，遮挡住太阳以便安全观察。

注意避免直视太阳，然后寻找刚好能遮挡住太阳的位置（图❸）。在这个位置仰望紧靠太阳附近的卷积云，这样便可以仅凭肉眼也能清晰看到五彩缤纷的彩云（图❹）。

在观察彩云时，**如果直视太阳，不仅会有伤及眼睛的危险**，也会因为光线过强看不到彩虹色。遮挡太阳时，建议将太阳遮挡在稍远的建筑物后面，而不是附近的物体。只要遮挡住太阳就能安全地进行观察，彩虹色也可以清晰地观察到。使用智能手机也能拍摄彩云，值得尝试一下！

小知识　彩云和晕以及弧等天空的彩虹色，在接近满月的明亮夜晚也能观察到。白天，我们观察时应注意避免直视太阳，但是月光不会伤及眼睛，可以比较安全地观察和拍摄照片。

16

从今天开始学习，辨别天空中的彩虹色

天空中出现的彩虹色不仅仅属于彩虹和彩云，它们有许多种类。听到不少意见，认为"区分它们很难！"。这里就来介绍一下，请参考由我制作的**辨别天空彩虹色的流程图**（第44页）。

如果看到天空出现彩虹色，首先要确认这片天空是在太阳同侧还是相对的一侧。如果彩虹色出现在与太阳正相对的，处于产生影子位置的对日点附近，就是**布罗肯现象**；把手臂朝向天空伸直，对日点到手掌的距离大约有两个手掌的位置，就是**彩虹**。如果是太阳同侧出现，且颜色排列不规则的彩虹色，便是**彩云**；如果该彩虹色排列较规则，且距离太阳有半个拳头以内，便是**华**。彩云和华的彩虹色常见于鱼鳞云（卷积云）。如果是更远位置的彩虹色，那就是容易出现在薄云（卷层云）周围的晕或弧。距离太阳有一个手掌位置的彩虹色是**22度晕**和**22度幻日**；如果大约有两个手掌位置，则是**环天顶弧**或**环地平弧**。晕和弧的特征是距离太阳较近的一侧为红色。

当你看到天空中出现彩虹色，如果能说出它的名字，乐趣一定会倍增。愿你能够邂逅绚丽多姿的彩虹色。

多日同辉

 直视太阳会伤及眼睛，非常危险。
请从建筑物的阴影中仰望天空，遮挡住太阳以便安全观察。

⬆多个晕和弧同时出现！先确认彩虹色的位置（第45页），然后思考其中的具体内容（答案见第171页）。

➡伸直手臂张开手掌，在距离太阳一个手掌的位置。

环天顶弧

22度晕和幻日

⬆只出现在冰云中，很容易与彩云混淆，但颜色的排列是规则的，彩虹色的下方为红色，因此可以判断是太阳位于其下方的环天顶弧。

 大面积的彩云

➡在离太阳稍远的位置出现的彩云，呈淡淡的彩虹色。

小知识

如果有人因发现天空的彩虹色而感到开心，即使搞错了名称，也请不要给予否定，这令人扫兴，友好交流指正即可。搞错名称不要紧，重要的是从天空中发现更多乐趣。一起来欣赏美丽的天空吧。

辨别天空彩虹色的流程图

从这里开始！

★是稀有程度，括弧内是发生在月亮时的名称

1 彩虹色出现在太阳相对方向的天空

否 → **3** 彩虹色的排列不规则

否 → **4** 位于太阳附近

否 → **5** 位于距太阳一个手掌的位置

否 → 位于距太阳两个手掌的位置

2 在自己的影子附近

是↓（1）

是↑

是 →（3、4、5）

是↓

6 以太阳为中心呈圆环状

9 位于太阳正上方呈反转形状

否 ★★

布罗肯现象：光环

当云和雾笼罩在眼前时，自己的身影周围出现彩虹色。（《图鉴1》第76页）

主虹：★★
副虹：★★★

彩虹：主虹·副虹（月虹）

太阳相对方向的天空正在降雨时出现。主虹的外侧为红色，副虹的内侧为红色。它是圆形彩虹的一部分。（第46页，《图鉴1》第58页）

★

彩云

距太阳一个拳头以内的卷积云和高积云色彩斑斓。彩虹色排列不规则。如果是荚状云会出现大面积彩虹色。如距太阳较远，彩云颜色较淡。（第40页，《图鉴1》第72页）

华：★★★
花粉华：★★

华（月光华）

距太阳半个拳头以内出现的环状彩虹色，常和彩云同时出现。花粉也会形成。（《图鉴1》第75页）

⚠ **直视太阳会伤及眼睛，非常危险。** 请从建筑物的阴影中仰望天空，遮挡住太阳以便安全观察。

★

22度晕：内晕·日晕（月晕）

出现在卷层云等冰云上的圆环状彩虹色光。近太阳一侧为红色。有时近似白色。（《图鉴1》第66页）

7 位于太阳的左右两侧

否 是 ★★

22度幻日（幻月）

彩虹色的光斑，出现在太阳的左右两侧。近太阳一侧为红色。（《图鉴1》第70页）

8 位于太阳的正上方

否 是 ★★★

上切弧

与22度晕重叠，出现在太阳上方的彩虹色光。近太阳一侧为红色。如果太阳高度较低，有时呈V字形。

位于太阳正下方

★★★★

下切弧

与22度晕重叠，出现在太阳下方的彩虹色光。近太阳一侧为红色。如果太阳高度较高时，有时也会横向延伸。

★★★

环天顶弧：倒挂彩虹

出现在冰云中的清晰明亮的彩虹色光。太阳高度较低的清晨或傍晚。近太阳一侧为红色。（《图鉴1》第68页）

10 位于太阳正上方近似圆环状

否 是 ★★★★

上侧弧

出现在冰云中的彩虹色光。常与环天顶弧、上切弧同时出现。近太阳一侧为红色。

11 位于太阳正下方呈横长形

否 是

环地平弧：水平的彩虹

出现在冰云中的清晰明亮的彩虹色光。近太阳一侧为红色。出现于春季至秋季正午前后的时间段。（《图鉴1》第68页）

位于太阳左下·右下方

★★★★★

下侧弧

出现在冰云中的彩虹色光。近太阳一侧为红色。当太阳高度较高时，出现在太阳下方附近。

▼ 与太阳相同方向的天空看到的彩虹色位置（示意图）

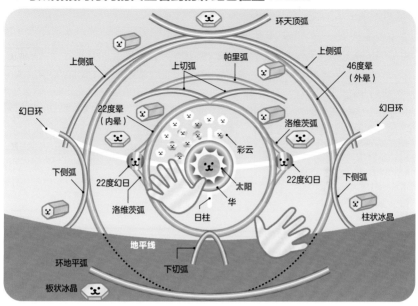

环天顶弧

上侧弧

帕里弧

上侧弧

上切弧

46度晕
（外晕）

幻日环

22度晕
（内晕）

洛维茨弧

幻日环

下侧弧

彩云

22度幻日

太阳

22度幻日

下侧弧

洛维茨弧

华

日柱

柱状冰晶

地平线

环地平弧

下切弧

板状冰晶

▼ 与太阳相对方向的天空看到的彩虹色位置（示意图）

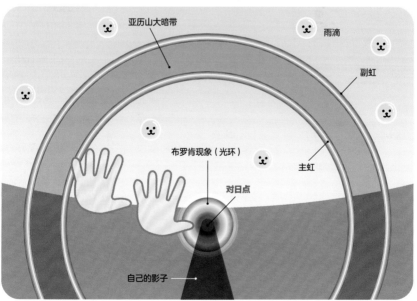

亚历山大暗带

雨滴

副虹

布罗肯现象（光环）

主虹

对日点

自己的影子

17

双彩虹之间较暗的天空也拥有名称

有 时，雨后的天空会架起两道壮观美丽的彩虹桥——**双彩虹**。如果仔细观察，可以看到双彩虹之间有一个较暗的空间。其实这部分空间也拥有自己的名称，叫作**亚历山大暗带**。

彩虹一般出现在与太阳相对方向、正在下雨的天空，它是一道从红色到紫色排列的圆弧状光带。内侧为**主虹**，外侧为**副虹**，是在与太阳正相对的位置，以**对日点**为中心形成的圆环状物体。形成主虹和副虹的太阳光照射到雨滴后产生折射，**折射**的角度：主虹为42度，副虹为50度。虽然暗带的天空也会有阳光射入雨滴。但是与主虹产生相同折射率的光会通过观测者的上方，与副虹产生相同折射率的光则会通过观测者的下方，所以我们的眼睛看不到这些光线。因此，主虹的内侧与副虹的外侧聚集了强光，五彩缤纷，而中间部分的天空则显得相对昏暗。

遇见彩虹的一个绝好时机是下**太阳雨**的时候，也就是晴天和降雨同时出现的天气现象。一起来探索彩虹和亚历山大暗带吧。

副虹

主虹

亚历山大暗带

▲ 彩虹在天空的名称

⬆太阳光的颜色因折射的角度不同而发生变化，颜色被分散而形成彩虹色。主虹和副虹的色彩排列顺序正相反（《图鉴1》第61页）。

▼ 彩虹和亚历山大暗带的结构原理

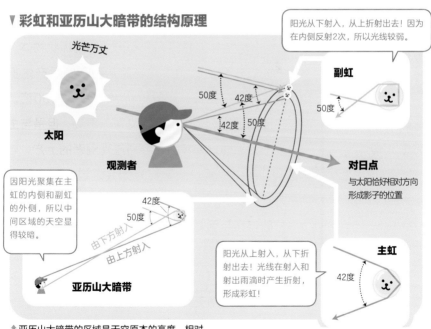

光芒万丈

阳光从下方射入，从上方折射出去！因为在内侧反射2次，所以光线较弱。

副虹

50度

太阳

50度 42度

42度 50度

观测者

对日点

与太阳恰好相对方向形成影子的位置

因阳光聚集在主虹的内侧和副虹的外侧，所以中间区域的天空显得较暗。

42度

50度

由下方射入

由上方射入

亚历山大暗带

阳光从上方射入，从下方折射出去！光线在射入和射出雨滴时产生折射，形成彩虹！

主虹

42度

⬆亚历山大暗带的区域是天空原本的亮度，相对于周围显得较暗。

小知识

"亚历山大暗带"最早由古希腊阿佛洛狄西亚的哲学家亚历山大命名。他曾经对哲学家亚里士多德的著作发表了许多评论，因此被后人称为"评论家"。评论家暗带……之意？

18

不仅有双彩虹，还有三重和四重彩虹！

"如果有双彩虹的话，是否也有三重或四重的彩虹呢？"也许有不少人心存好奇。是的，的确存在。这样的彩虹称为**反射虹**。

彩虹是太阳**直射光**照射到与其相对方向天空的水滴而形成的。此外，如果观测者所在位置的附近有河流或湖泊等水面，通过水面的**反射光**也会形成彩虹。在直射光的情况下，白天对日点低于地平线，而反射光则对日点高于地平线，以对日点为中心形成圆环状主虹和副虹。如果运气好，恰巧当反射光与直射光的主虹和副虹重叠，就能看到**四重彩虹**。

当风平浪静水面没有波纹时，如果太阳相对方向的天空下雨，就比较容易产生反射虹。需要说明的是，形成这种现象的条件需要有比较宽阔的水面。因此，想寻找机会观赏的话，建议先锁定有利于观测的河流或湖泊，然后在可能会出现彩虹的、下太阳雨的日子去"偶遇"反射虹。

四重彩虹争奇斗艳的天空。

注意观察颜色的排序！

▼ 四重彩虹的结构原理 观察小实验

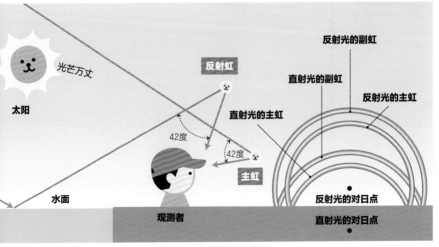

太阳

光芒万丈

反射虹

42度

42度

主虹

观测者

水面

直射光的主虹

直射光的副虹

反射光的副虹

反射光的主虹

反射光的对日点

直射光的对日点

⬆ 宽阔的水面在观测者的身后，水面处于观测者的前方也可以。

小知识　出现彩虹的条件是可以预测的。当大气状态不稳定时，我们可以通过气象雷达的信息预测雨云经过的时间，一旦阳光照射在降雨区域的天空，就有机会观察到彩虹！在与太阳相对方向的天空中捕捉美轮美奂的彩虹吧！

19

孪生彩虹和跳虹……
彩虹世界的奥秘

彩虹世界奥秘无穷，有时，它们会以千变万化的姿态出现在我们的眼前。

其中之一便是**孪生彩虹**。普通的彩虹是因为太阳光在球状的雨滴上产生折射和反射而形成的，但是，当雨滴增大，变成椭圆的馒头形状后（第76页），在彩虹的圆弧顶部附近，会呈现出主虹分叉重叠的现象，形成两段紧密相连的虹。

除此之外，还有一种**跳虹**，即彩虹在中间产生跳跃的现象。彩虹的七色光是由于太阳光进出球状的水珠时发生折射而使颜色分散形成的。如果是单纯的水，主虹中太阳光在折射和反射时会弯曲42度；而如果是含有盐分的海水，折射度会略微上升，海水的水滴形成的彩虹半径约减少0.8度。因此，当雨水和海水同时形成彩虹时，那道彩虹看上去好像是在跳跃。

这种彩虹可以通过实验进行验证。我们将自来水和盐水分别装入喷雾瓶中，背对太阳两手同时喷雾，便会出现一道略微错开的彩虹。如果使用各种可溶于水的物质，研究人造彩虹会产生怎样的变化，一定会增加很多乐趣。

孪生彩虹

➡ 在双彩虹中，内侧主虹的内侧出现了孪生彩虹。这是因存在椭圆形状的雨滴而产生的。

孪生彩虹的伙伴

➡ 主虹在根部偏离。这也许是因为雨滴受到风的影响，形状变长。

天空中出现了短暂的**跳虹**。有些彩虹，人们目前还无法理解其产生的原理。

动手小实验

⬆ 使用自来水和盐水自制跳虹的实验。两道都是主虹，盐水形成的主虹出现在内侧（左侧）。**做这个小实验时，需注意不要把盐水喷在植物和金属物品上。**

小知识 在进行自来水和盐水自制人造彩虹的实验时，我在水中放入了大量的食盐，直到盐不再溶化，生成了饱和的浓盐水才最终取得成功。如果在刮强风的天气进行实验，浓盐水会喷到皮肤上，产生黏稠感，需特别注意！

20

日常能看见的彩虹色『光环』

太阳和月亮周围出现的彩虹色光环，被称为**华**。这是由于光线经过鱼鳞云（卷积云）和绵羊云（高积云）的水滴时产生衍射而形成的。这种光环也可以人工自制。

梅雨季或冬季时分，家里或汽车的玻璃窗上会出现**结露**，看上去雾蒙蒙的。结露的水滴和云层里的水滴大小基本相同，透过雾蒙蒙的窗户向外观察街灯，会发现街灯的光源周围有一圈光环。如果戴着口罩，眼镜上出现雾气，还能看到**眼镜华**。

除此之外，还有因花粉生成的**花粉华**（《图鉴1》第74页）也可以自制。在春天花粉飞扬的季节，选择一个气温较高的日子去杉树林。在开花的树枝上套上塑料袋，摇晃一下便可以获得花粉。或者，把掉落在地上的带有花苞的树枝放入密封的袋子里，经阳光照射花苞就会开花，从花朵中提取花粉后再把花粉放到透明的卡片夹里密封好，这样就能得到一张花粉卡片。把这张花粉卡片靠近光源就可以看到花粉华。以上的实验，**如果直视太阳光，对眼睛的伤害极大**。推荐使用手电筒之类的点状光源进行观察。

动手小实验

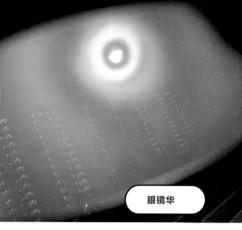

⬆冬季戴口罩时，眼镜上容易起雾，透过这个"魔法眼镜"便能看到彩虹色光环。

透过雾蒙蒙的车窗看到的街灯华

⬆万家灯火的光环星星点点，构成一个梦幻的世界。

⬆采集杉树花粉的照片。黄色的是花粉。采集时请注意不要吸入花粉。

花粉卡片

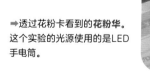

➡透过花粉卡看到的**花粉华**。这个实验的光源使用的是LED手电筒。

小知识　花粉的颗粒非常小，制作花粉卡片时，如果使用透明胶带，花粉会露出来。推荐使用胶水之类的黏合剂进行密封。如果患有过敏性鼻炎，推荐使用直径约60微米的塑料颗粒代替花粉来制作卡片。

21

在北欧可以欣赏好几个小时的蓝调时刻

日出之前和日落之后有一段非常短暂的时刻，天空泛着静谧的蓝色，这便是**蓝调时刻**（blue moment）。在中纬度地区只有十分短暂的时间可以探访到蓝调时刻（《图鉴1》第86页）的群青世界，但在北欧等高纬度地区竟能持续好几个小时。

这个奥秘是地球的自转轴（**地轴**）存在倾斜的缘故。地球围绕太阳进行公转，相对于公转轴，地轴存在大约23.4度的倾斜。因此，夏季在高纬度地区（纬度在90度-23.4度=66.6度以上），有一段时期即使夜晚太阳也不会落入地平线以下。这就是**极昼**。此时，在纬度稍微低一些的北欧地区，完全日落时的天空持续呈现微明的状态（**薄暮**），因此，蓝调时刻可以持续好几个小时。

和极昼相反的是，即使是在白天也会持续出现薄暮状态或者日落状态的**极夜**。享受太阳高挂且丰富多彩的天空当然十分有趣，但是，美丽温馨的薄暮笼罩的夜空也别有一番趣味。

蓝调时刻静谧的群青色笼罩着周围的一切……

▼ 极昼的形成原理

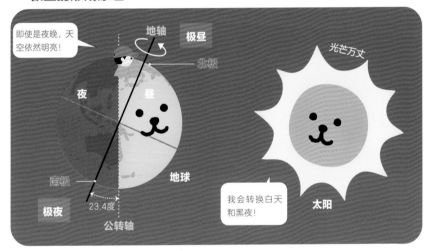

即使是夜晚，天空依然明亮！

地轴

极昼

北极

光芒万丈

夜

昼

南极

地球

极夜

我会转换白天和黑夜！

太阳

23.4度

公转轴

极昼的天空

←2021年的夏至（6月23日）北京时间22点50分，北极附近的天空在太阳光的照耀下熠熠生辉。这是气象卫星向日葵观测到的卫星图片。

小知识 地球自转的速度在日本附近是每小时1500千米，大约是新干线速度的5倍。如果把地球公转的速度换算成时速，竟然是每小时11万千米！我们生活在以超乎想象的速度不停转动的地球上。

22

矗立在夜空中的光柱竟然是渔船的作品！

夜空中竟然闪现出神奇的光柱！这种光柱，在日本海沿岸等地区很容易看到，是一种被称为**渔火光柱**的现象。

当天空中出现冰云，而且**冰晶**呈六边形的板状，几乎与地平线保持平行悬浮状态时，地面向上的光源就会被冰晶向下**反射**。因此，渔火光柱现象，就是上空的冰云将海上渔船发出的光（**渔火**）反射后形成的。

当气温低于零下10摄氏度时，大气中的水蒸气会升华成**细小的冰晶**。城市的灯火照射到这些冰晶上时，就会出现闪闪发光的**钻石尘**，从而形成向上延伸的**光柱**。与彩虹不同的是，光柱并不是由于发生折射而产生的，而是光源的颜色直接反映在光柱上，形成梦幻般的奇妙景象。

此外，无论任何季节或地点，只要高空有冰云，低空就会相应地出现光柱。比如，反射太阳光形成的光柱被称为**日柱**，而反射月光的则被称为**月柱**。清晨或傍晚的天空出现高云族时，比较容易看到日柱，试着去寻找一下吧！

飘浮在夜空中的神奇光柱——渔火光柱。

↑渔火是渔船在夜间为吸引鱼群而点燃的灯光。

由城市灯光产生的光柱，好像有什么要降临似的。

日柱在日本各地都很常见。

在家中看到的纱窗光柱。

观察小实验

➡由于纱窗的纱网不同，有时还会出现太阳光左右延伸出的纱窗幻日环（第45页）。

小知识

当太阳光照射在纱窗上时，会出现一条光带。这是由于太阳光在纱网表面发生反射而产生的现象。如果太阳在正前方，出现在其周围的光柱就叫作**纱窗光柱**。在观察时请注意不要直视太阳！

23

太阳闪耀绿色光芒！

绿闪光的原理

太阳闪烁着绿色光芒，这是多么神奇的现象。传说看到它的人能获得幸福。这种自然现象被称为**绿闪光**。

可见光的波长排序自波长较短的开始，从紫色到红色有不同的颜色。在通过大气层时，波长较短的紫色和蓝色会出现强烈的散射现象（**瑞利散射**）。这就是为什么天空在白天是一片蔚蓝，而在清晨和傍晚就会变成红霞漫天（《图鉴1》第78至81页）。另外，可见光也有波长较短的紫色和蓝色在大气中产生较大**折射**的特性，当太阳光通过大气的距离最大时折射也最大。因此，当太阳刚刚显露出地平线的时候，观测者就可以看到太阳上部闪烁出蓝色和绿色的光。但是，由于蓝光出现强烈的散射，所以只剩下绿色的光，形成绿闪光现象。

这种现象只有在日出、日落的瞬间，而且必须在天空晴朗、风平浪静的条件下才能遇到，是一种极其罕见的自然现象。我们可以利用天气预报，选择一个条件具备的时刻去记录这种现象。

绿闪光！

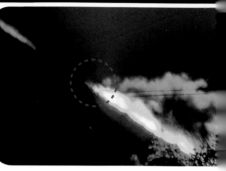

在太阳的正上方可以看到绿闪光。

↑夕阳落山时闪现的蓝色和绿色的光。蓝光有时也被称为**蓝闪光**，是比绿闪光更为稀有的现象。

▼ 绿闪光的原理

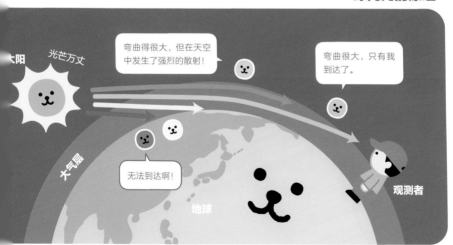

太阳

光芒万丈

弯曲得很大，但在天空中发生了强烈的散射！

弯曲很大，只有我到达了。

无法到达啊！

大气层

地球

观测者

小知识　地平线附近的太阳上端或太阳刚落山的瞬间（日没点上方），我们能观测到像绿闪光一样闪烁的绿色光芒。其原理和绿闪光相同，用高倍率变焦相机拍摄就有机会捕捉到此瞬间……

24

浓雾产生的云海。远处隐约闪现的是筑波山。

↑雾可以在很多条件下产生（《图鉴1》第53页）。另外，当降落下来的水滴大小处于雾和雨之间时，称为**雾雨**（《图鉴1》第13页）。

自然现象

雾、霭和霞，似是而非的

雾、霭、霞，这三个字从字形和字意来看很相似，但作为气象用语却意义各不相同。

首先，**雾**是飘浮在空中的微小水滴，且空气的能见度不足1千米。它的实际状态是一种接触到地面的雾云（**层云**）。雾是由于夜间热量从地面散发到天空的**辐射冷却**使气温下降，导致空气中的水蒸气凝结而产生的。雾中的空气十分潮湿，湿度几乎达到100%。能见度较低时称为**浓**

霭弥漫的晨间街道。

霾笼罩着的天空一片昏暗。

雾。然而，霭除了微小水滴以外，还飘浮着含有水分的微小尘粒（气溶胶颗粒），空气的能见度在1千米以上，10千米以下。天空蒙上了一层灰色，但没有雾气那么潮湿。另外，空气中飘浮着干燥的微小尘粒，能见度不足10千米的状态称为霾。霞并不是正式的气象术语，雾、霭、霾可以用来描述远处的景物模糊不清。

当听到"天空一片灰蒙蒙"的描述时，可以用能见度的方法来判断到底是雾、霭，还是霾吧！

小知识

春霞一词描述的天气现象是春天经常出现能见度下降的天气。据说有以下几种原因。比如，植物呼吸（蒸腾）活跃；昼夜温差过大导致空气中容易形成水滴；黄沙漫天、风容易卷起灰尘等。

沙尘暴来袭，天昏地暗

你是否目睹过这样的景象——空气干燥、风沙猛烈的日子，从田野或其他地方刮来的灰尘和沙土弥漫在天空。这些灰尘和沙粒会降低空气的能见度，这种现象被称为**风尘**；当较大的沙粒弥漫在空中时，称为**沙尘**；而大规模的沙尘则称为**沙尘暴**或**沙暴**。

世界最著名的沙尘暴是**哈布沙暴**。它是发生在非洲撒哈拉沙漠等干旱地区的沙尘暴，据认为是积雨云引起的强下沉气流所带来的狂风（**下击暴流**，《图鉴1》第123页）引起的。像这样的沙尘暴，在许多国家被广泛称为哈布沙暴。沙尘暴来势汹汹，像一堵巨大的沙墙，天昏地暗，能见度极低。

在日本也有因强风造成的沙尘暴天气。尤其是千叶县八街市的沙尘和沙尘暴被称为**八街沙尘**，其发生的原因竟然是来自花生田的沙土！春季的花生田里没有种植任何植物，田地很容易受到强风的影响而引发沙尘暴。

沙尘不仅会对人体的呼吸道和眼睛造成危害，还会弄脏晾晒的衣服。如果附近有田地或裸露的土地，请一定要多加注意！

像一堵沙墙般的哈布沙暴来势汹汹。如果被卷入其中，将完全置身于一个昏暗的沙尘世界……

八街沙尘

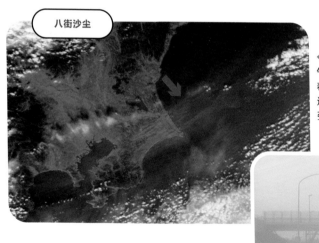

←2017年2月17日的卫星气象图上可以看到，一场春季风暴（第108页）吹过关东地区，来自南方的强风造成沙尘暴肆虐。

八街沙尘笼罩天空

➡上述卫星气象图显示的当天，笔者在东关东高速公路上拍摄的照片。

小知识 拍摄风尘或沙尘暴时，大量的沙土会迎面袭来。除了要用口罩和护目镜做好防护以外，还需要采取一些必要措施，注意防止沙粒渗入相机内部。**一般不建议冒险拍摄。**

26

「月兔」上有地名

夜 空中一轮明月闪着皎洁的光芒，一只兔子模样的图案若隐若现。"月兔"是月球表面的地形所致，其实那里有许多地名。

首先，月球表面有许多因陨石撞击形成的圆形盆地——**陨石坑**（较大的陨石坑又称环形山），它们的名称很多是源自天文学家或者宇航员的名字。一些不反射光，看上去有些阴暗的地方称为**月海**，占从地球能看到的月球表面的约35％。这些月海构成了**月兔**图案，它们大部分是在38亿年前，由巨大陨石撞击而溢出的熔岩填埋了陨石坑形成的。除此之外，月球上还有山脉和海湾等，它们也有各种名称。

另外，上弦月（半月）时，月球表面的山脉在太阳光的照耀下十分醒目，看上去酷似拉丁字母。这些被称为**月面X**、**月面LOVE**，还有的地方看上去呈心形。

月球表面的"月兔"图案用肉眼就可以看到，如果使用望远镜，就能更详细地观察。欢迎你关注月球表面的图案，尽享夜空的快乐！

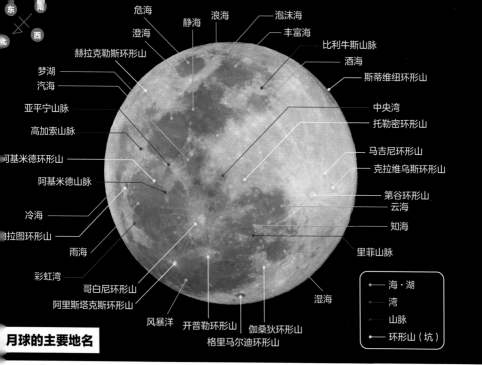

危海　浪海　泡沫海　静海　澄海　丰富海　比利牛斯山脉　酒海　斯蒂维纽环形山　赫拉克勒斯环形山　梦湖　汽海　亚平宁山脉　高加索山脉　中央湾　托勒密环形山　阿基米德环形山　马吉尼环形山　克拉维乌斯环形山　阿基米德山脉　第谷环形山　云海　冷海　知海　柏拉图环形山　里菲山脉　雨海　彩虹湾　哥白尼环形山　阿里斯塔克斯环形山　风暴洋　湿海　开普勒环形山　伽桑狄环形山　格里马尔迪环形山

	海·湖
	湾
	山脉
	环形山（坑）

月球的主要地名

观察小实验

⬆月球表面由于岩石的种类不同呈现出不同的颜色，黑色的海是由深色的玄武岩构成，白色的地区则是由白色的斜长岩构成的。

▼上弦月的月面X和月面LOVE出现的图案

⬆上弦月是月球沉入地平线时，弓弦在左侧，弓背朝右弯曲的半月；下弦月则相反，是弓弦在右侧，弓背朝左弯曲的半月。

小知识　月球的兔子图案在亚洲、欧洲、美洲等国家广为人知。月球的图案因观测地而不同，中国有些地区把它比喻为青蛙或螃蟹，阿拉伯半岛比喻为雄狮，南美洲比喻为鳄鱼。

27

魅力十足 地球光照亮月球的「地球反照」，

月亮之所以有盈亏，是因为月球本来就是围绕地球旋转的天然卫星，而且通过反射太阳光发亮。然而在新月前后，蛾眉月缺失的部分有时会有微弱的光芒。这个现象叫作**地球反照**（简称地照）。

地球反照现象是因为地球表面反射的太阳光到达月球，在月球表面再反射回地球而产生。因为是来自地球的光照亮月球，所以由此得名。月亮呈细长条状（蛾眉月）时，从月球角度看到的地球接近圆满状态，此时，来自地球反射的光较多，且月球的明亮部分比较少，所以，很容易观察到地球反照。冬季，日本太平洋沿岸的关东地区空气干燥且持续晴天，傍晚比较容易看到细长形状的月亮，非常有利于观察地球反照。

最近，智能手机的拍照功能拥有很高的感光度，很轻松地就能拍摄到地球反照现象。月亮的盈亏以及各地的月出、月落时间表，可以通过天文台等官方网站进行查阅。蛾眉月出现的时候，请不要忘记观察地球反照，感受一下地球与月球之间往复穿梭的光线吧。

月亮缺失的部分闪现出微弱的地球反照。

半轮新月上微明（薄暮），地球反照添新景。

▼ 地球反照的原理

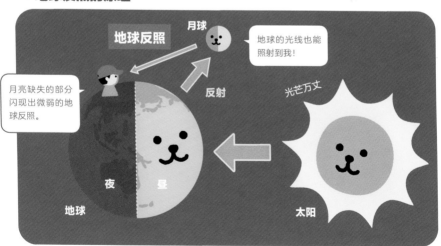

地球反照

月球

地球的光线也能照射到我！

反射

月亮缺失的部分闪现出微弱的地球反照。

夜　昼

光芒万丈

地球

太阳

小知识　1609年，天文学家伽利略·伽利雷通过自制的20倍望远镜发现了月球的陨石坑及月海。现在，智能手机的长焦镜头都已达到10～20倍，观察月球表面很便捷，真是一个美好的时代。

28

地球上看到的月全食的月亮会变成红色

满月出现亏缺现象的**月食**，自古以来就被视为不祥之兆。不过，在知晓其原理的现代，月食则成为一种有趣的天体景观。

当太阳、地球、月球三者并排成一线时便会发生月食现象。地球的阴影有两种，分别是几乎完全遮挡住太阳光的**本影**，以及本影周围较为淡薄的**半影**。月球只有一部分进入本影时，会出现**月偏食**；当月球完全进入本影时，便会出现**月全食**。月全食发生时月球会被染成红铜色。这是因为太阳光穿过覆盖地球的大气层时，受到**瑞利散射**的影响，只剩下红光，这与产生朝霞及晚霞的原理相同（《图鉴1》第80页），而红光虽然有所削弱，但依然通过大气折射到月球上，所以，我们在地球上看到的就是红月亮。此外，发生月偏食时，月缺的部分能看到一道叫作**绿松石蓝带**的蓝色条带，它是因平流层的臭氧层吸收了蓝光以外的所有色光而形成的。

未来出现月食的时间表（日期和时间）可以通过天文台等官方网站进行查询。不要错过观测的机会，请尽情欣赏美丽的夜空吧。

观察月偏食，亲眼看着阴影不断扩大时，心情激动……

月偏食的边缘出现的绿松石蓝带。

月全食发生时，月亮被染成红铜色。

▼ 为什么月全食时月亮是红色的？

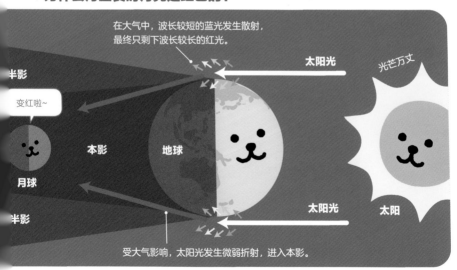

在大气中，波长较短的蓝光发生散射，最终只剩下波长较长的红光。

半影

变红啦~

本影

月球

半影

地球

太阳光

光芒万丈

太阳光

太阳

受大气影响，太阳光发生微弱折射，进入本影。

小知识 因为月全食的红色是由瑞利散射产生的，所以地球大气污染严重时会呈现出红黑色。月食的颜色是根据法国天文学家安德烈−路易·丹容发明的丹容量表进行分类的。名字好酷！

29

火星的晚霞……竟然是蓝色！

我们熟知的晚霞都是漫天红色的霞光。不过，**火星的晚霞竟然是蓝色**！

在地球上，当太阳高度下降时，太阳发出的可见光经过大气层的距离就会变长，受到空气分子和大气悬浮微粒的影响，波长较短的蓝光发生强烈的散射，只剩下红色的光。这就是所谓的**瑞利散射**。相比之下，火星上的大气层十分稀薄（与地球相比，大气密度只有1%左右），所以，平时总是沙尘漫天。这些沙尘的颗粒有许多都恰好与红光的波长相近，于是，红光受到强烈的散射（**米氏散射**），剩余的蓝光便映照在傍晚的天空，成为蓝色晚霞。相反，白天因为红光受到沙尘的影响发生散射，火星的天空始终是略带微红的黄褐色。

据美国国家航空航天局（NASA）的火星探测器拍摄的照片显示，火星上可以看到**日晕**和地球高纬度地区出现的**珠母云**。在遥远的星球上也能观测到与地球相同的天体现象，每当想到这些，你是否会感到心潮澎湃，激动不已呢？

NASA的火星探测器好奇号（Curiosity）拍摄到的蓝色晚霞。

➡火星探测器毅力号（Perseverance）拍摄到的冰云导致的日晕。

⬇因为云滴的大小相同，所以会出现彩虹色光。

火星探测器好奇号拍摄到的珠母云。

小知识　地球上的云和雨是由水形成的，这是基本常识。相比之下，在金星上，硫酸形成的云会降下硫酸雨。木星是气态行星，它的云是由氢硫化氨组成的，云层里会出现雷鸣电闪的现象。真是一个奇异的世界！

在地方气象台从事天气预报工作的我（2009 年前后）。

日本气象厅是怎样的机构？

日本气象厅是日本国家行政机关的一个机构，主要进行观测和预报台风、大暴雨等气象，地震、海啸、火山和气候变化等自然现象，通过预报和预警，提高减灾抗灾能力，减少自然灾害带来的损失。

日本气象厅运用最先进的科学技术进行预报，仅在气象领域就有24小时不间断预测，制作并发布预警和警报等各种工作，同时，运用气象雷达及气象卫星向日葵号和自动气象数据采集系统（AMeDAS）进行气象观测。在日本全国有各管区气象台和地方气象台。我以前就曾经在地方气象台从事制作天气预报，以及发布预警、警报的工作。从事气象工作，平时的职场氛围舒适自在，但是，一旦遇到自然灾害的发生，气氛骤然变得异常紧张，同事们都埋头忙于应对防灾工作。每当想到"我们发布的预报与每个人的生命息息相关"这一使命，就必须每天磨炼业务水平。

进入日本气象厅工作需要就读日本气象大学（《图鉴1》第142页）获得毕业证书，或者参加国家公务员考试。对于有志从事气象方面工作的同学来说，这里是最适合的职场。如果你对此感兴趣，可以查阅相关资料。希望将来有机会我们一起并肩工作！

超有趣的

气象的故事

所谓气象，就是包括天空和云彩，还有雨、雪，
低气压、高气压以及气候等各种各样的大气现象。
本章将介绍令人惊奇的雨和雪、
大气和地球等各种有趣的气象故事。

30

雨和云的形成原理

洗澡时就能让你轻松掌握

每 天回家洗个热水澡，不仅可以帮助我们消除疲劳，还可以放松身心。这里要告诉你一个更加有趣的洗澡方法，那就是**在浴室里人工制造雨和云。**

在浴缸里放入热水，关上排风扇后进入浴缸。稍等片刻，墙壁和屋顶就会结出许多水滴。这是因为浴缸里的热水蒸发的热量和水蒸气导致浴室的空气温度和湿度增加，而墙壁和屋顶使湿热的空气冷却，产生饱和而结成水滴。水滴吸收水蒸气后不断增大（**凝结增长**）。如果向水滴上吹气，较大的水滴便会和周围的水滴结合，迅速变大（**冲撞合并增大**）、变重后滑落下来。这其实**与形成云和降雨的原理相同**，也就是说在凝结增长的过程中，云滴逐渐转变成雨的水滴，大小不同的雨滴会相互撞击，急速成长增大。

浴缸中的热水蒸发的水蒸气也是云，所以，浴室对于体验云的原理来说是最合适的地方。虽然体验云和雨的原理十分有趣，但是，请注意不要在浴室里停留时间太长，以免造成身体不适！

如果向凝结增长过程中产生在屋顶的水滴吹气……

便会发生冲撞合并增大现象，急速成长产生降雨！

※向屋顶的水滴吹气十分危险，可在浴室墙壁或镜子的水滴上进行实验。

▼ 云滴和雨滴的形成原理

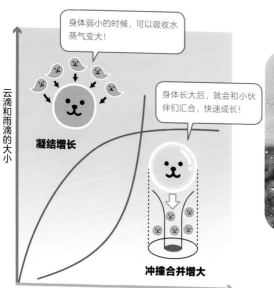

身体弱小的时候，可以吸收水蒸气变大！

身体长大后，就会和小伙伴们汇合，快速成长！

凝结增长

冲撞合并增大

云滴和雨滴的大小

时间

↑下雨天，雨伞上雨滴的流动速度是不一样的，可以一直盯着看……

小知识　雨滴的冲撞合并增大过程，可以通过雨伞上雨滴不断冲撞下落，以及移动的汽车或电车车窗上的雨滴受到空气阻力而相互碰撞飞落的过程进行确认。下雨天，观察雨滴的机会有很多！

31

天上不会掉下来巨大的雨球，因为雨滴会在空中分裂

"天上掉下来一个巨大的雨球！"想必没有人见过这样的场面吧。那是因为雨滴聚集到一定程度就会自然**分裂**。

虽然雨滴经常被表现为水滴状，但由于液体具有尽可能缩小自身表面积（**液体表面张力**）的性质，雨滴会凝聚成一个个微小的球状。当这些小球互相碰撞融合（冲撞合并增大）之后就会迅速变大并下落。在下落过程中，雨滴的下方受到来自空气的阻力（**空气阻力**），被挤压成馒头状的椭圆形。雨滴的体积越大，分裂的概率就越大。当雨滴被下方的阻力挤成书包提手的形状之后，会继续分裂成更小的雨滴。它们经常会相互碰撞并不断分离，出现连接型、排斥型和叠加型等模式。

由此可知，降雨的形成就像雨滴宝宝们的一次天空之旅。它们在空中一起成长，时而手牵着手，时而分道扬镳。请想象一下雨滴们上演的各种剧目吧！

▼ 雨滴的分裂过程

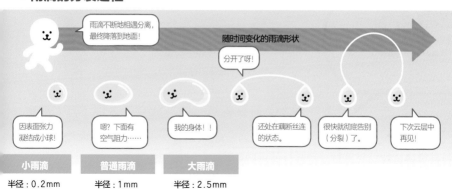

▼ 雨滴宝宝们相互碰撞·分裂的过程

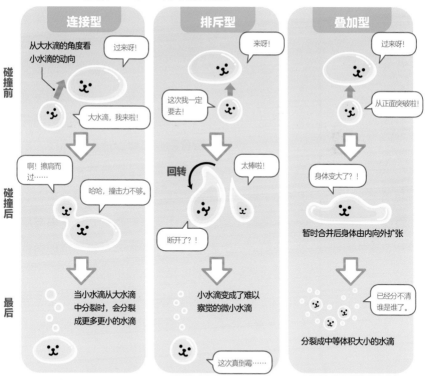

雨滴在重力和空气阻力的平衡作用下，根据雨滴的大小以匀速（末速度）下落。
因为雨滴越大越重，下落速度就相应较快，会与下落速度慢的小雨滴相撞。

小知识　当雨滴的球形半径达到3毫米时就会分裂，因此很少有雨滴的半径能超过4.5毫米。但冬季的北陆地区（新潟、富山、石川、福井各县的总称）曾经观测到半径达4.6毫米的雨滴！据推测这应该是由巨大的雪花融化产生的。

32

为什么雪花结晶是六边形

虽然雪花结晶的形状有很多种，但人们通常都会认为它是六边形。**雪花结晶呈六边形**，是因为其中蕴含着非常重要的原理。

雪花结晶是由微小的冰结晶吸收水蒸气而形成的（**升华现象**），其大小超过0.2毫米的被称为**雪晶**，不足0.2毫米则称为**冰晶**。无论是水蒸气还是冰晶都是由**水分子**（H_2O）构成的。每一个水分子中含有一个氧原子和两个氢原子。当水分子聚集在一起的时候，水分子中的氧原子会与另一个水分子的氢原子相连（**水分子缔合现象**）。水分子结合后，之所以能形成稳定的六边形冰晶结构，是因为氧原子重叠成六边形后再叠加，形成稳定的六棱柱。冰晶在进行升华时，由于温度不同，会横向发展为板状，或者纵向形成柱状。由于冰晶是以六边形为基础形成的，因此雪花结晶也依旧保持为六边形的形状。

使用智能手机就能拍摄到雪花结晶（《图鉴1》第106页），下雪的时候一定要去尝试一下！

▼ 水分子和冰晶的构造

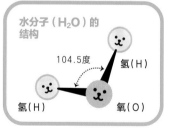

水分子（H₂O）的结构

104.5度

氢（H）

氢（H）

氧（O）

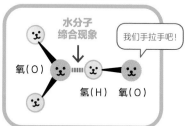

水分子缔合现象

我们手拉手吧！

氧（O）

氢（H） 氧（O）

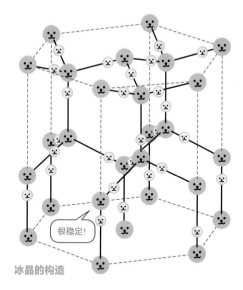

很稳定！

冰晶的构造

观察小实验

温度：−4℃～0℃
　　　−20℃～−10℃

板状

冰晶

柱状

温度：−10℃～−4℃
　　　−20℃以下

▼ 由于温度不同，雪花结晶会呈现板状或柱状

板状

带扇形的六瓣雪花

柱状骸晶

针状

小知识　如果整体结构是六边形，那么无论是什么物体都会达到最稳定的状态。比如，如果在半球状容器中放入一些小玻璃球，轻轻晃动后，玻璃球在容器的底部会排列为六边形。亲自来验证一番吧！

33

雪并不只有白色！五颜六色的彩雪世界

观察小实验

把雪铲铲入积雪后……

白雪与蓝雪

说到冬天的景色，第一印象一般都是**白雪**皑皑的世界。雪大多是白色的，不过世界上竟然也有蓝色、红色以及绿色的雪。

冰之所以看上去是透明的，是因为光线穿过冰时只发生了折射现象，所以能顺利**穿透**。而雪的颗粒会把所有颜色的光向各个方向反射（**不规则反射**），所以雪才会呈现为白色。不过，在刨雪坑时雪的颜色看上去有时是蓝色的。这是因

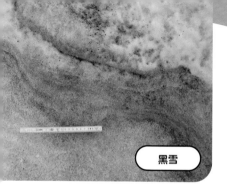

黑雪

↑富山县的立山，缘于黄沙和有机物。

褐色雪

↑缘于中国大陆飘来的黄沙。

红雪

↑缘于阿拉斯加冰雪藻类。

绿雪

↑山形县的月山，缘于冰雪藻类。

为水和冰具有吸收波长较长的红色光的性质，尤其是不带有云滴的结晶（《图鉴1》第104页）形成的积雪，穿透的光有所增加，影响也会有所增强，看上去便是**蓝色的雪**。

另外，如果雪中混入其他物质（杂质）时，会吸收特定的颜色，映出带有颜色的雪，变成彩雪。发生森林火灾时，如果混入因燃烧产生的黑烟（**黑碳**），就会形成黑色的雪。春季，**黄沙飞来**（第111页），会出现褐色的雪。如果雪中混入**冰雪藻类**微生物，就会出现**红雪**、**黄雪**、**绿雪**。雪的世界真可谓奥妙无穷！

> **小知识**
> 水和冰都具有吸收红色光的特性，这也可用来解释海洋为什么会是蓝色的。用冰雕刻的巨大雕像（冰雕）、冻结的瀑布（冰瀑布）、冰川的浮冰、雪山或冰川裂缝之所以会呈现蓝色，也是这个原因。

34

如果没有空气，地球温度将会骤降到零下18摄氏度！

对 地球气候具有重要影响的空气温度（简称**气温**）来自太阳的能量，即**太阳辐射**。而地球如果没有空气，就会变成一个极寒世界……

地球接收到的太阳辐射中，有30%因受到云层与地球表面（地表）积雪的反射或散射而返回太空。剩余的70%中有20%使云层和空气升温、50%使地表升温。其实，地球也会通过红外线放射能量（**地球辐射**）。空气中的水蒸气、二氧化碳、甲烷等**温室气体**吸收这些能量后，再将其释放，就使地表温度增高（**温室效应**）。所以，从地球放射到太空的能量和太阳辐射的70%相互作用保持平衡，使地表的平均温度维持在大约14摄氏度。如果用没有温室效应的条件来计算，地表温度会骤降到零下18摄氏度。

自工业革命以来，随着二氧化碳排放量的增加，这种平衡关系逐渐瓦解。与200年前相比，现在地球的平均气温上升了1摄氏度。虽然仅仅只是1摄氏度，但**全球气候变暖**带来的暴雨和酷暑等极端天气气候事件也随之激增。

▼ 地球温度保持平衡的原理

▼ 全球气候变暖的原理

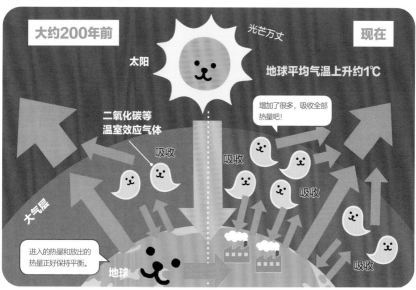

小知识 有温度的物体会产生电磁波（**辐射**），温度越高电磁波的波长就越短。在冶炼刀具加热铁器时，铁器也会逐渐从黑色变成红色（约850℃）、橙色（约1000℃）、黄色（约1200℃）。

35

水在环球旅行中变化着不同的姿态

一颗被誉为水行星的星球——**地球**，表面有70%是海洋，30%是陆地。地球上的总水量大约有14亿立方千米，其中97%是海水，3%是北极和南极等地的冰川、冰床、地下水、湖泊和河流。大气中的水（水蒸气）仅占地球整体水量的0.001%，但是，它们控制着地球上的水循环。

海洋里的大量水分蒸发后变成水蒸气飘散在大气中，其蒸发量每年高达42.5万立方千米，相当于每年海面下降1.2米。同时，大约有同等量的水转变为云彩，以雨或雪的形态降落到陆地，或汇入河流，或渗入地下，然后再返回到海洋。地球上的水的总量不变，而水以不同的姿态进行环球旅行。不过，海水蒸发时，盐分会留在海洋里，云彩和雨水中几乎不含盐分。

就像这样，水的环球旅行被称为**水循环**，我们每天喝的水原本来自天空，每当想到这些，内心一定会非常激动吧！

▼ 地球上的水含量

箭头所示的数字是1年的转换水量的体积

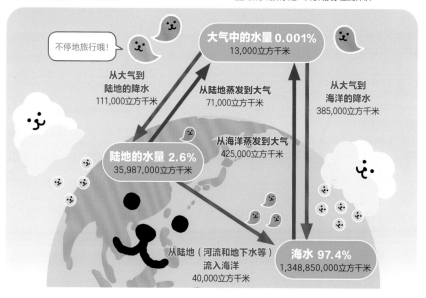

大气中的水量 0.001%
13,000立方千米

不停地旅行哦！

从大气到
陆地的降水
111,000立方千米

从陆地蒸发到大气
71,000立方千米

从大气到
海洋的降水
385,000立方千米

陆地的水量 2.6%
35,987,000立方千米

从海洋蒸发到大气
425,000立方千米

从陆地（河流和地下水等）
流入海洋
40,000立方千米

海水 97.4%
1,348,850,000立方千米

▼ 多次以不同的姿态重生，水的轮回转世

我在空中不断
改变形象哦！

太阳

云

光芒万丈

冰河·
积雪

降雪

从植物中
蒸发

降雨

日照

渗透

蒸发

雨和雪粒子的蒸发

降雨

蒸发

永久冻土

渗透

表面流失

蒸发

天空连接着
海洋！

土壤水分

湖泊

地下水

海洋

小知识　我们人类可以利用的地球水资源（除了冰以外，陆地上不含盐分的水），仅占水总量的0.008%。举一个例子，如果将地球上的水量比作一浴缸的水，人类可利用的水仅相当于一小勺的量。知道水有多么珍贵了吧！

36

天气预报的主角——低气压和高气压

我们把中心气压低于四周气压的区域称为**低气压**（简称低压，又称为气旋），相反则称为**高气压**（简称高压，又称为反气旋）。它们可以左右天气，本节就来介绍它们产生的过程。

地面的空气受热膨胀后，密度会减小。因此，从地面上升的空气比周围的空气轻，导致地面气压下降，形成低气压。相反，当地面的空气遇冷收缩时，密度会增加。收缩后的区域会吸引周围的空气流入，使地面到上空的空气变得更重，从而导致地面气压上升，形成高气压。

因为空气是从高气压的区域向低气压的区域移动（《图鉴1》第125页），所以，当地面上的风吹向低气压的区域时，空气会汇集起来形成上升气流。于是，产生云团，天气不稳定，雨雪较多。与此相反，从高气压刮出的风，为了填补缺失部分的空气，形成下沉气流，难以形成云团，晴好天气较多。

如果在天气预报上看到低气压和高气压，请想象一下沉稳的高气压会使天气放晴，而活泼的低气压则会让天气不稳定。

▼ 低气压和高气压的形成原理

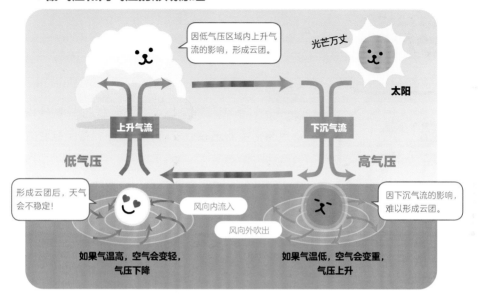

因低气压区域内上升气流的影响，形成云团。

光芒万丈

太阳

上升气流

下沉气流

低气压

高气压

形成云团后，天气会不稳定！

风向内流入

风向外吹出

因下沉气流的影响，难以形成云团。

如果气温高，空气会变轻，气压下降

如果气温低，空气会变重，气压上升

▼ 低气压·高气压和云团

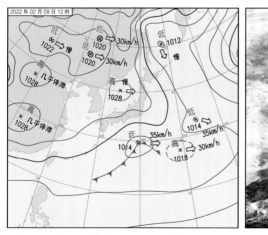

在这张天气图上，竟然出现了比高气压还高的低气压……？！

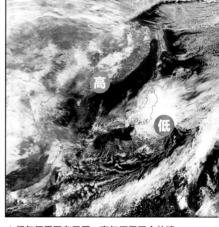

低气压周围有云团，高气压周围会放晴。高气压附近的陆地上，白色的部分不是云团而是积雪。

小知识

低气压和高气压都是与周围气压相比较而言，取决于气压比周围低还是高。因此，低气压的中心气压在同一个天气图上，有时会比高气压的中心气压高。看天气图时，如果注意到气压值，一定会感觉很有趣。

37

低气压旋涡的旋转方向由地球的自转决定?!

日本附近的低气压旋涡的旋转方向是与时针走向相反的逆时针旋转。这个旋涡方向与地球的**自转**密切相关。

假设有一个人在北极抛出一个东西,从宇宙的视角来看,它是沿着直线被抛出的,但从和地球一起自转的人的视角来看,它会向右偏移。这是因为在北半球,地球自转产生了一个看似向前进方向右侧的力,这种力称为**科里奥利力**。由于这个力的作用,向低气压中心流动的空气会被偏向右侧,因此**低气压会以逆时针方向旋转**。如果在南极,科里奥利力的方向与北极相反,所以,南半球的科里奥利力会使低气压以顺时针方向旋转。

科里奥利力对小型旋涡(比如下水道排水时形成的旋涡或龙卷风)没有显著影响,但对大型旋涡(比如低气压)有显著作用。当你在天气预报中看到低气压的旋涡时,可以想象一下地球的自转方向。

▼ 科里奥利力的原理

科里奥利力

在北半球，物体运动时看似受到偏向右的力作用。

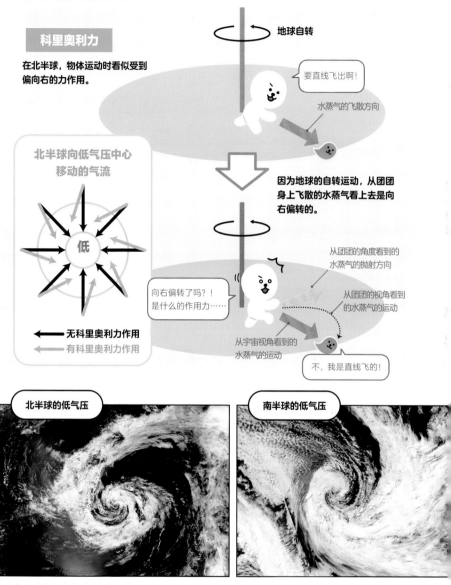

地球自转

要直线飞出啊！

水蒸气的飞散方向

因为地球的自转运动，从团团身上飞散的水蒸气看上去是向右偏转的。

北半球向低气压中心移动的气流

低

← 无科里奥利力作用
← 有科里奥利力作用

向右偏转了吗？！是什么的作用力……

从团团的角度看到的水蒸气的抛射方向

从团团的视角看到的水蒸气的运动

从宇宙视角看到的水蒸气的运动

不，我是直线飞的！

北半球的低气压

南半球的低气压

⬆低气压在北半球逆时针方向转动（向左），在南半球顺时针方向转动（向右）。与此相反，高气压在北半球顺时针方向转动，在南半球逆时针方向转动。

小知识 科里奥利力是法国物理学家加斯帕尔·科里奥利在1835年发现的。为了纪念他的贡献，人们将他的名字雕刻在埃菲尔铁塔上。他一生从事物体运动的研究，还曾经发表过研究台球运动的论文。

38

如果搭上喷射气流，飞机可以高速飞行

当我们顶风奔跑时会感到很吃力，而顺风奔跑时则会感到十分省力。飞机在飞行时也一样，如果搭上强风，就可以大大提高飞行速度。

在北半球中纬度的高空，有一股**偏西风**环绕着地球流动。偏西风每到冬季会增强，而在夏季则由于北上的原因，风力有所减弱。在偏西风中，风力最强的是**喷射气流**，它的风速有时可达每小时400千米以上。2020年2月，英国一家航空公司的客机在横跨大西洋飞行时，原本需要大约7小时的航程，由于搭乘了喷射气流，不到5小时就到达了目的地。飞行时速最高时竟然达到1327千米。相反，如果是在喷射气流中逆风飞行，飞机要晚点大约2.5小时以上。

偏西风造成了**日本的天气总是从西边开始变化**（《图鉴1》第126页）。由于受到喜马拉雅山脉的分流，偏西风也导致日本梅雨季节时，北部鄂霍次克海高压的形成。我们通过观察卷云等高空云层，可以看到它们是随着偏西风从西向东移动的，请一定仔细观察。

▼ 环绕地球一周的偏西风

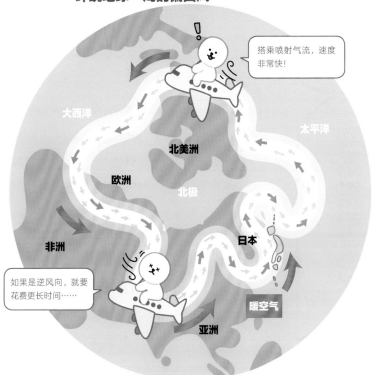

搭乘喷射气流，速度非常快！

大西洋

北美洲

太平洋

欧洲

北极

非洲

日本

暖空气

如果是逆风向，就要花费更长时间……

亚洲

⬇发现喷射气流时使用的测风经纬仪。气象工作人员使用这个仪器追踪放飞到高空的气球，观测高空的风向和风速等。

喜马拉雅山脉

鄂霍次克海高压

日本

梅雨锋

偏西风

太平洋高压

⬆偏西风受到喜马拉雅山脉的影响，这对日本的天气也有所影响。

小知识　1926年，日本气象厅高空气象台首任台长大石和三郎使用气球观测时发现了喷射气流，并将观测结果公布于众。由于当时是使用世界语发表的，所以20年后才得到世界公认，并被命名为"喷射气流"。

39

既不是雨也不是雪，是「鱼」从天而降?!

突然间，"鱼"从天而降！令人惊讶的是，这种现象的确存在，被称为**怪雨**。

与雨雪不同的是，怪雨是一种特殊的雨，雨中会夹杂一些当地不该出现的物体。其名称的由来是：从天而降的物体（FAlls FROm The SKIES，简称为FAFROTSKIES）。自古以来，鱼、乌龟和青蛙从天而降的奇怪现象在世界各地都屡见不鲜。日本江户时代的百科全书《和汉三才图会》中就有关于怪雨的记录。

造成这种现象的元凶是**龙卷风**。龙卷风利用强大的上升气流将地面上的物体卷向空中，并把它们抛至几千米甚至几十千米之外。龙卷风的强度用**藤田级数**表示为F0～F5级，最强的龙卷风可以把汽车、火车等几十吨重的物体卷起，然后抛落到某个地方。

设计这个量表的气象学家藤田哲也博士在他的论文《神秘的起因》中描述了这些现象，由此我们也可以理解龙卷风令人恐惧的破坏力。

⬆这幅画描绘了19世纪时猫狗从天而降的情景。画家以此形容天降暴雨。除此之外，小说《海边的卡夫卡》（村上春树著）中也有鱼从天而降的描写。有学者认为下怪雨是飞鸟在空中吐出了叼来的鱼所导致的。

⬇海水被龙卷风猛烈地卷上天空。

海上龙卷风

▼ 根据龙卷风的破坏程度大致推测风速的藤田级数表

等级	风速	产生的现象（事例）
F0	每秒17～32米 （时速61～115千米）	树木的枝条折断，树根较浅的树木被刮倒。
F1	每秒33～49米 （时速119～176千米）	树根较浅的树木被刮倒，行驶的汽车被侧风掀翻。
F2	每秒50～69米 （时速180～248千米）	大树扭曲，拦腰斩断。行驶的汽车被掀翻，火车脱轨。
F3	每秒70～92米 （时速252～331千米）	房屋倒塌损毁。森林中的高大树木连根拔起。火车脱轨，汽车被卷上天空。
F4	每秒93～116米 （时速335～418千米）	房屋支离破碎飞上天空。火车被掀翻，汽车被卷上天空飞出几十米。1吨以上的物体从天而降。
F5	每秒117～142米 （时速421～511千米）	房屋形影无踪。汽车和火车不知被卷飞到何方。几十吨重的物体从天而降。

小知识　以前日本发生的最强龙卷风的强度是F3。藤田级数是按照美国的龙卷风破坏程度设计的，内容与日本的建筑物并不匹配。因此，现在日本使用的是改良版藤田级数（JEF级数）。

40

打雷时发出轰隆隆声的秘密

闪电划破天空之后，便会传来轰隆隆的打雷声。现在，我们来揭晓雷声轰鸣的秘密。

雷声大作时的光是**闪电**，声音是**雷鸣**，两者合二为一称为**雷电**。发生一次雷击现象，电流会在地面和云层之间往返数次（《图鉴1》第118页）。雷鸣是从地面向积雨云放电引起的。由于巨大的电流在十万分之一秒的瞬间流过，雷电所经之处的瞬间温度高达30,000摄氏度！太阳表面温度只有6000摄氏度，可想而知雷电产生的高温非同一般。因此，雷电附近的空气温度急剧上升、膨胀，随之产生**冲击波**。而由冲击波造成的**声波**，便是产生雷鸣的原因。

声音的速度（**声速**）具有随着温度升高而加快的性质。一般越是靠近高空，气温就越低，所以，与高空相比，低空的声波传播速度会更快，而且声速具有**曲折**向上方传递的特征。因此，低空产生的雷鸣无法传到地面，我们的耳朵听到的是来自高空的雷鸣。打雷声就好像是积雨云在高喊"好热啊！"。

▼ 产生雷鸣的原理

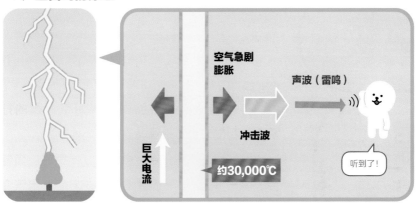

空气急剧膨胀

声波（雷鸣）

巨大电流

冲击波

约30,000℃

听到了！

▼ 雷鸣传递到耳朵的过程

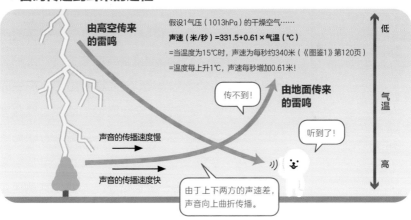

由高空传来的雷鸣

假设1气压（1013hPa）的干燥空气……

声速（米/秒）=331.5+0.61×气温（℃）

=当温度为15℃时，声速为每秒约340米（《图鉴1》第120页）

=温度每上升1℃，声速每秒增加0.61米！

低

气温

高

传不到！

由地面传来的雷鸣

听到了！

声音的传播速度慢

声音的传播速度快

由于上下两方的声速差，声音向上曲折传播。

←2021年7月11日16时35分目睹到的雷击（左图）。遭到雷击的地方发生了火灾，红光闪现。时钟受到影响而停摆（右图）。

小知识

2021年7月，当积雨云逼近时，我正在研究室用手机拍摄闪电。随着一道强光，传来巨大的雷声和冲击声！气象研究所的院子遭到雷击，研究所内的几个时钟也在雷击的时刻停摆。

41

一次雷击相当于一个普通家庭半年的用电量

如果能将雷电的能量转换为电力该多好啊！让我们来进行一番验证吧。

根据以往的观测，**一次雷击**产生的能量相当于300～3000千瓦时（kW·h，能量量度单位）。假设一次雷击约为1800千瓦时，而日本国内一个普通家庭平均一个月的用电量为300千瓦时，所以，如果将雷击的能量全部转换为电力，**可以供一个普通家庭使用半年**。

那么，如何收集雷击的能量呢？在美国，根据一个60米高的铁塔所显示的数据，铁塔大约一年会遭到一次雷击。如果在类似的铁塔上安装两个能够安全收集雷击电力的雷电发电设备，那么就可以为一个普通家庭提供一年的用电量……但十分遗憾，铁塔的建设费用要大大高于一个普通家庭100年的电费，所以，使用供电公司提供的电力服务更加合算。虽然收集雷击的电力对于人类来说充满魅力，但要实现梦想却并不简单。

神话传说中的"雷公电母"现身。
其中蕴含着巨大的能量……

▼ 雷击的电力可以利用吗?

一次雷击相当于
一个普通家庭半年的用电量

如果有两个铁塔充电设备,
可以为一个普通家庭提供一年的用电量

一次雷击约为
1800千瓦时

铁塔的建设费用要大大
高于一个普通家庭100
年的电费。

这样不行啊!

一个普通家庭平均一个月
的用电量为300千瓦时

铁塔

充电设备

充电中

小知识 利用雷击获取电力十分困难,雷电的能量来源于积雨云和不稳定的大气以及太阳光。但利用太阳能发电的可再生能源已在生活中实际应用,这对于改善全球变暖等环境问题十分有效。

42

高空中的一闪，竟然有红色和蓝色的闪电！

闪电是什么颜色呢？我们一般会用黄色或者紫色来描述。不过，即使是相同的闪电，根据不同的观测地点、观测者或者照相机，闪电的颜色也会有所不同。另外，还会出现一些特定颜色的闪电现象。

这种现象称为**中高层大气闪电**。它会伴随着积雨云中的雷电，发生在积雨云上方的平流层、中间层和热层下方。具有代表性的是，发生在距离地面50～90千米高空的名为**红色精灵**的红色闪电。它在数毫秒到数秒的短时间内瞬间发光，呈现出大量光柱或胡萝卜状的姿态。在它的顶端还会出现有着**淡红光晕**的凸透镜状闪电。除此之外，**蓝色喷流**发生在积雨云顶端到距离地面高度40～50千米的平流层中，它是一种呈锥形光束状的蓝色闪电；还有在高度20千米以上出现的**蓝色启辉器**、85千米的中间层发生的**巨大喷流**、90千米附近的巨型甜甜圈状的**淘气精灵**。

使用高感度的摄像设备就可以拍摄到红色精灵和淘气精灵。如果你喜欢观察闪电，请挑战一下吧。

魔法般的红色闪电——红色精灵。

从积雨云顶部延伸出来的蓝色启辉器。

▼ 中高层大气放电示意图

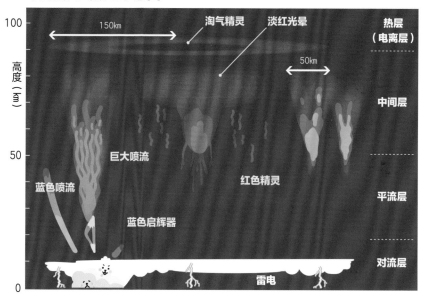

小知识

2004年至2010年间，日本举办了一项全国高中生利用普通摄像机拍摄红色精灵等中高层大气闪电现象的竞赛。由于是世界罕见的观测成功案例，获得科学界的高度评价。最重要的是需要富有挑战精神和行动力！

43

真正含义 我们应该了解「极端天气」的

⬆ 2015年9月，日本关东、东北地区的暴雨天气造成鬼怒川泛滥，茨城县常总市发生了特大水灾。

➡ 2014年2月14～15日，日本关东甲信地区突降大雪，山梨县甲府市的积雪达到114厘米，打破以往49厘米的最高纪录。

现在，几乎每年都会发生大暴雨或台风等自然灾害。每当此时，我们都能听到"极端天气"这个略显陌生的词。

极端天气是我们人生中并不常见的，天气状态严重偏离以往常态的自然现象。其中包含持续数小时的暴雨或暴风天气、持续数月之久的干旱、极端的冷夏或暖冬等气象灾害。日本气象厅**把在某个地区的某个时期发生的三十年一遇的天气现象**定义为极端天气。

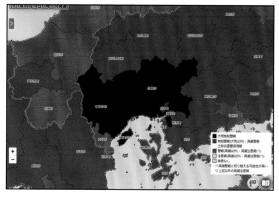

←针对大幅超过警报标准的极端天气，气象厅发布的**特别警报**。警报发布时就已经是性命攸关之时，请在发布特别警报之前尽快避险。

气象警报 🔍

→与平时相比，极有可能出现十年不遇的高温或低温以及暴雪天气时，气象厅会发布**早期天气预报**。

早期天气预报 🔍

现在，我们经常能听到"有气象记录以来最……""打破……年纪录"等用语，也许你会心存疑问，为什么这类用语出现得如此频繁。比如，即使是相同雨量的大雨，每年降雨量多的地区与降雨少的地区，大雨造成的灾情，其危险程度也截然不同。正因为是平常极为罕见的天气现象，所造成的影响才更为严重。

即便我们看到受灾相关的新闻，也很容易认为事不关己，把自己置身事外。但最重要的是，要在日常生活中时刻做好防灾准备，以防自己生活的地区遇到自然灾害。

小知识 提起防灾对策，似乎感觉不那么容易，但是，我们可以**从学会观察天空开始**。利用气象雷达（《图鉴1》第62页）可以预测彩虹何时出现，也可以在万一的情况下保护自身安全。观察天空有助于防灾。

44

即使火山喷发距离遥远，也会造成水稻减产？

火山（活火山）有时会突然喷发，新闻也会立刻报道。如果你所在的地区没有火山，或许对它还不了解。一旦发生大规模的**火山喷发**，即使我们生活在距离火山遥远的地方，也会受到严重影响。

火山大规模喷发时，会释放出**二氧化硫**和**火山灰**，它们大量升腾至**平流层**。这些二氧化硫和水在天空中发生化学反应，变成含有**硫酸盐**的悬浮微粒（气溶胶颗粒）。平流层中的大气比较稳定，基本没有上下流动，所以微粒不会降落，长期飘散在天空中。于是，悬浮微粒造成太阳光发生散射，使到达地面的太阳光相应减少，从而导致气温下降（**阳伞效应**）。1991年6月，菲律宾皮纳图博火山大规模喷发，受此影响，全球平均气温下降约0.5摄氏度。日本遭遇**低温冷害**，造成水稻歉收，产量下降。

日本有111座活火山，气象厅每天都在进行监测并发布相关信息。请注意确认活火山的位置和相关信息。

↓当火山喷发时，火山灰和熔岩剧烈碰撞摩擦，形成**火山雷**。

↑2022年1月15日，日本气象卫星向日葵号拍摄到的汤加国海底火山**大规模喷发**的情景。火山喷烟的面积相当于一个北海道。

▼ 因火山喷发导致气候变化的原理

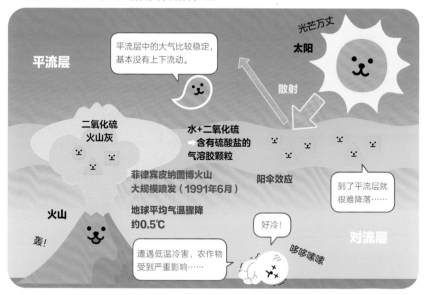

平流层

平流层中的大气比较稳定，基本没有上下流动。

光芒万丈

太阳

散射

二氧化硫
火山灰

水+二氧化硫
➡含有硫酸盐的
气溶胶颗粒

菲律宾皮纳图博火山
大规模喷发（1991年6月）

阳伞效应

到了平流层就很难降落……

火山

地球平均气温骤降
约0.5℃

好冷！

对流层

轰！

遭遇低温冷害，农作物受到严重影响……

哆哆嗦嗦

↑大规模的火山喷发导致气温下降只有1~2年，所以并不能阻止全球气候变暖的进程。

小知识

富士山是一座活火山，根据《万叶集》的记载，历史上也曾经喷发过。从前，富士山每100年会喷发一次，但在1707年喷发之后一直相对稳定。如果富士山再次喷发，预计首都东京一带将会受到巨大影响。

左上：公众开放日活动，为参观者做的钻石尘实验，地板上会出现一些积雪，实验结束后要打扫干净。左下：笔者的主要研究方向是云科学，研究室内多为云彩的照片。右：当彩虹横跨天空时，研究人员们不约而同地聚集到屋顶欣赏彩虹。

日本气象研究所是怎样的机构？

　　我在**日本气象研究所**工作，也许你可能想象不到这里是做什么的，在此，就来简单介绍一下。

　　日本气象研究所（位于茨城县筑波市）是日本气象厅的附属研究机构，主要职能是进行气象相关业务的研究和开发。其中有气象观测和研究预测技术部门，暴雨、台风、气候和环境以及地震、火山等部门。我所在的部门是台风和灾害气象研究室，主要研究引发自然灾害的云层结构。当发生严重自然灾害时，气象研究所会调查灾害的形成机制，由气象厅和气象研究所对外发布。研究所还从事研发准确预测暴雨暴雪的气象技术（第158页）。我个人原来在基层做过天气预报工作，所以，可以将研究结果运用在天气预报中。

　　我一般都在研究室从事研究工作，有时也会去野外进行气象观测。当附近的天空产生积雨云，有出现彩虹的迹象时，研究所的工作人员会不约而同地聚集到屋顶欣赏彩虹。每年的春季和夏季，研究所还会对社会开放，在零下20摄氏度的低温实验室举办钻石尘的实验活动，欢迎来参观。

超有趣的

季节的故事

日本是一个四季分明的国家，
春夏秋冬，每个季节都有各自独特的天气，
而且，顺应季节特点，观察天空的方法有所不同。
另外，需要预防的灾害也因为季节不同而各异。
一起来了解和适应不同季节的天气吧！

四季取决于从太阳接收到的能量

本的春夏秋冬**四季分明**，这是地轴的倾斜所导致的。

地球**公转**时，由于地轴的倾斜，从太阳接收到的能量（**太阳辐射**）会出现变化，于是便形成了四季。每年6月下旬的夏至这一天，太阳在正南方向的天空中处于最高位置（**正午太阳高度**），太阳辐射也达到高峰。到8月左右，由于太阳辐射的能量高于从地球发散至太空的能量（**地球辐射**），因此，气温会逐渐升高。而在12月下旬的冬至这一天，情况正好相反，直到1月或2月左右，气温都在下降。

纬度对于因太阳辐射而产生的气温变化也有影响，如果是相同的面积，高纬度地区（极地附近）接收到的热量比低纬度地区（赤道附近）要少。所以，在北半球，南方比较温暖，北方则比较寒冷。这种温差会影响到日本附近的低气压。

天气和天空随着季节的不同而发生变化。地球和太阳等宇宙天体的变化也与我们的生活密切相关。

▼ 地球公转与季节的关系

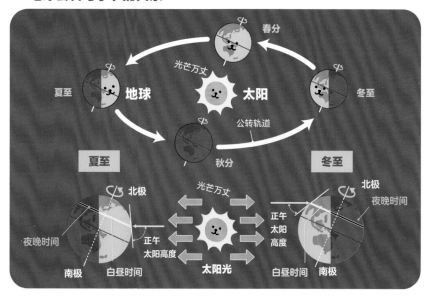

⬆地球环绕太阳公转一圈需要一年。中纬度地区普遍都有春夏秋冬四个季节，而热带和极地的季节变化并不明显。

▼ 为什么气温会随着纬度的高低发生变化？

阳光照射的范围十分辽阔，所以相同面积吸收的热量相对较少！好冷！

拍摄于冲绳。夏至的正午时分，锥形交通路标在阳光照射下，影子竟然消失了。

小知识

在冲绳，夏至前后的正午时分，太阳几乎位于头顶正上方，因此看不到太阳的阴影。据说在夏威夷等热带地区，这种现象被称为拉海纳正午（Lahaina noon）。如果把冬至和夏至正午时分拍摄到的影子图片进行比较，会发现影子的长度有所不同，十分有趣。

46

"春风1号"和"寒风1号"究竟是什么？

日本的天气预报中，有时能听到"春风1号"和"寒风1号"的名称，它们是来告知季节变换的风。

春风1号是冬季转变为春季时刮起的第一场风，是温暖且强劲的南风（从南边吹来的风）。从立春（2月4日前后）到春分（3月21日前后）之间，日本海上盛行低气压，会带来每秒8米以上（日本关东地区）的偏南风，同时还会出现气温上升的现象，日本气象厅以此为基准，发布"春风1号"的信息。由于观测时期是固定的，所以没有刮风的时候，就会出现未发布信息的年份。不过，即使"春风1号"来临，也并不意味着天气立刻就能变暖和。相反，大风过后，冷空气袭来，还会出现气温骤降、春寒料峭的现象。

另外，气象厅把深秋至初冬之间刮起的第一场风，即每秒8米以上的偏北风命名为**寒风1号**。这场来自深秋的寒风，是处于西高东低的冬季型气压模式引起的，发布地区只有东京和京都附近。

当春风1号来临时，花粉容易在空中弥漫，另外，还需要注意强风带来的灾害。所以，我们要多关注天气预报并灵活运用。

▼ 春风1号的原理

日本海低气压

春天来啦!

春风1号
立春到春分之间的第一场风
强劲的偏南风

由于有些年份未发布春风1号,所以未计算此现象发生的平均日。

▼ 寒风1号的原理

西高东低的气压模式

树木将要枯萎……

西伯利亚高压

低气压

寒风1号
深秋到初冬之间的第一场风
强劲的偏北风

东京地区观测的时期是10月中旬~11月底,京都地区是二十四节气的霜降(10月24日左右)~冬至(12月22日左右)。

只有东京和京都附近发布

⬆ 春风1号是古时渔夫们使用的词语;寒风1号据说是按照表示台风的方式命名的。如果观测的时期、风向以及风速达到标准,也会有"春风2号""寒风3号",不过气象部门从未发布过。

小知识
全球气候变暖趋势持续,夏季变长,冬季变短,樱花盛开的季节有时竟然会提前到2月。气象部门如果不修改春风1号和寒风1号的发布标准,未来也有可能无法发布。

47

秋高气爽的金秋时节，天空的高度其实和春天一样

秋日的天空总是给人以深邃高远的感觉。能够形成云彩的**对流层**，它的高度为夏天高、冬天低，春天和秋天相同。但为什么会让我们感觉秋天的天空格外高呢？

那是因为天空受到从大陆流入的干燥的高气压笼罩，水蒸气和悬浮微粒有所减少。夏季，温暖湿润的**太平洋高压**覆盖日本，水蒸气增多。于是，太阳光容易发生散射，空气的透明度受到影响（《图鉴1》第78页）。秋季，当干燥的**移动性高气压**流入之后，空气中的水蒸气减少，空气的透明度有所恢复，视野变得豁然开朗。虽然与春天的天空相同，但是在春天，**黄沙**等尘埃物质飘浮在空中，视野容易受到影响（第61页）。因此，秋日的天空与春天相比显得高远明朗。

此外，秋季的天空，即使是晴天，如果天空多为积云，也不能描述为秋高气爽。当高气压通过之后，低气压随着偏西风而来，天气将会自西向东逐渐由晴转阴。而在此之前，如果高云族的卷云和卷积云出现在天空，才能让我们感到真正的秋高气爽。正因为天空飘浮着朵朵白云，天空的高度也才更容易体会到。

卷云飘浮的
秋日晴空。

夏季的暑热和秋季的凉爽交替上演，这
种季节转换时的天空无比热闹。

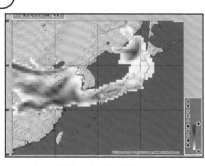

⬆春季常见的黄沙（《图鉴1》第134页）预报可在
气象部门的官网查询。黄沙有时也会出现在秋季。

黄沙预报　🔍

小知识　在日晕·弧之中，幻日和环天顶弧可以在一年四季中观测到，据观测结果表明，22
度幻日在4～6月较多，其中5月最多。目前原因未明，但有可能是因为春秋季，高
云族的产生频率或种类不同而引起的。

48

梅雨是由两个高压相互挤压形成的

梅雨季的天空总是阴暗沉郁。为什么会出现梅雨呢？

梅雨是在春夏交替之际，持续阴雨连绵的一种季节性气候现象。带来梅雨的**梅雨锋**是从日本到中国附近出现的一条停滞锋线，形成于寒冷潮湿的**鄂霍次克海高压**和温暖潮湿的**太平洋高压**之间。通常，日本的梅雨季是5月上旬由冲绳率先进入，直到夏季太平洋高压的势力逐渐增强，锋面向北移动之后，7月下旬，在东北北部地区宣告出梅。

进入梅雨季也迎来了强降水时期，特别是在梅雨季末期，日本西部地区容易出现由**线状降水带**引发的大暴雨天气（《图鉴1》第112页）。当气象部门宣布入梅和出梅时间时，媒体会立即进行报道，但只是单纯的速报，9月初才会宣布经核实确认后的入梅和出梅时间（媒体不进行报道）。因此，与公开报道的梅雨季开始及结束的时间相比，有几周的偏差是十分常见的现象。

▼ 梅雨锋的形成

随梅雨锋而来的云层会导致持续的阴雨连绵天气，但当梅雨锋向南北移动时，会出现短暂晴天的"梅雨期中断"现象。此时，梅雨锋以北天气凉爽，而以南则虽以晴为主，但闷热潮湿。

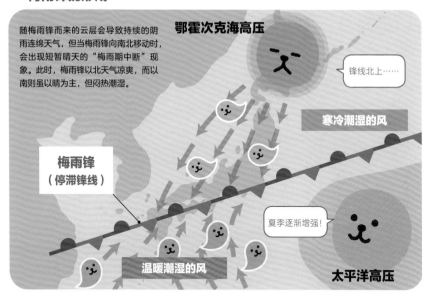

鄂霍次克海高压

锋线北上……

寒冷潮湿的风

梅雨锋
（停滞锋线）

夏季逐渐增强！

温暖潮湿的风

太平洋高压

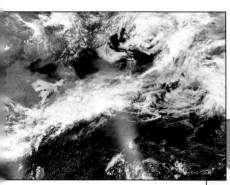

←伴随着梅雨锋，一条东西走向的带状云层蜿蜒伸展。春夏秋冬的季节交替之际，有四个雨季：梅雨、秋雨、山茶花梅雨和油菜籽梅雨。虽然北海道从未发布过梅雨季的开始和结束时间，但有一个称为"虾夷梅雨"的雨季。

降雨预报 🔍

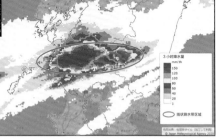

↑当出现线状降水带时，气象部门会发布"特大暴雨预报"。气象雷达可帮助你确认它的位置！

观察紫阳花！

花萼（装饰花）

花朵

小知识

紫阳花（又名绣球花）是代表梅雨季的花卉，它的颜色会根据土壤成分发生变化，很容易与周围环境融为一体。气象部门会像关注樱花季那样关注紫阳花季。紫阳花的外侧是花瓣状萼片，叫作装饰花，真正的花在萼片中心。

49

太平洋高压导致日本夏季炎热

▼ 炎炎夏日的气压特征

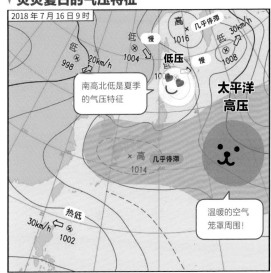

2018 年 7 月 16 日 9 时

高 1016 几乎停滞

低 1004 慢 20km/h

低 998

低 30km/h 1008

低压

南高北低是夏季的气压特征

太平洋高压

× 高 几乎停滞 1014

温暖的空气笼罩周围！

热低 30km/h 1002

⬆ 在夏季的气象云图上，可以看到太平洋高压会扩展到日本附近。由于北方存在低压，所以这种气压特征称为**南高北低**。由于太平洋高压的西部处于小笠原群岛附近，会产生暖湿的小笠原气团，所以有时也称为小笠原高压。

梅 雨季结束后，便迎来了盛夏季节。此时，太平洋高压悄然而至。

太平洋高压是以太平洋为中心的高气压，由于它包含温暖潮湿的空气，所以导致日本的天气酷暑难耐。而且，遇到**酷暑**袭来的年份，上空的**青藏高压**会从西部扩展而来。当这些高压重叠之后，日本的上空从上至下笼罩在下沉气流之中，由于**绝热增温效应**（与第28页的绝热冷却效应相反），气温不断升高。

砧状云会显示出云团发展的极限高度。

▼ 炎热指数和注意事项一览表

炎热指数 🔍

炎热指数	风险等级	需要注意的事项	气温（参考）
31℃以上	危险	原则上停止户外运动，尽可能避免外出，待在凉爽的室内。	35℃以上
28℃~31℃	高度警惕	停止剧烈运动，避免在阳光下暴晒，注意室内温度是否上升。	31℃~35℃
25℃~28℃	警惕	运动或体力工作时，需注意休息。	28℃~31℃
21℃~25℃	注意	注意补充水分和盐分	24℃~28℃
不足21℃	基本安全	适当补充水分和盐分	不足24℃

　　我们感觉到的暑热不只是气温，湿度也是非常重要的因素。因此，为了预防中暑，日本会发布**炎热指数**（WBGT），指数包括湿度、热辐射以及气温等影响人体热平衡的指标。当炎热指数高于28摄氏度时，中暑的发生率有所增加；高于31摄氏度时中暑风险较高；预测高于33摄氏度时中暑风险尤为高，此时，就会发布**中暑警戒警报**。遇到高温天气时，务必要待在凉爽的室内避暑。祝你有效利用天气预报，愉快地度过炎炎夏日。

小知识　夏天，人们最喜欢吃刨冰。据有关冬季自然冻结的天然冰和人造冰的对比研究，天然冰的结晶较大，根据方向不同，切割的难易度也有所不同；人造冰的结晶较小，很容易切割。大概这就是刨冰口感不同的原因。

50

遭遇台风袭击之后到处是盐?!

当台风来袭时,人们一般都会关注暴风雨的动向,其实盐风害也不容忽视。

由于温暖的海水带来的水蒸气和积雨云内的潜热,**台风**的强度不断增大。**台风眼壁**在**台风眼**外围,越接近中心,风力越强劲。台风接近海面时暴风卷起惊涛骇浪,而台风过境后,雨过天晴,树木、电线以及空调的室外机上会留下一层盐。盐分的侵蚀造成植物枯萎、电线漏电等**盐风害现象**。

2018年9月下旬,第24号台风在和歌山县登陆并经过关东地区北部。关东地区的暴风强度创出新纪录,强劲的南风从海上突袭到内陆,盐风害也遍布所经之地。不仅农家种植的蔬菜受损,而且电气设备也受到影响,导致电车停运。

当时,我所在的茨城县筑波市的汽车上也沾满了盐,我拍的特写照片上可以清晰地看到盐的结晶构造。台风过后,不妨仔细观察一番,或许可以发现盐的颗粒结晶。

▼ 台风结构示意图（切面图）

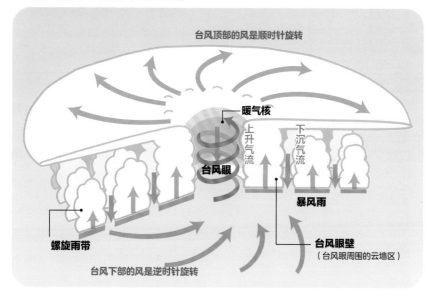

台风顶部的风是顺时针旋转

暖气核

上升气流

下沉气流

台风眼

暴风雨

螺旋雨带

台风眼壁
（台风眼周围的云墙区）

台风下部的风是逆时针旋转

⬆台风上部的气流由中心向外侧辐散，受科里奥利力（第88页）的影响会向右旋转，所以风向为顺时针旋转。

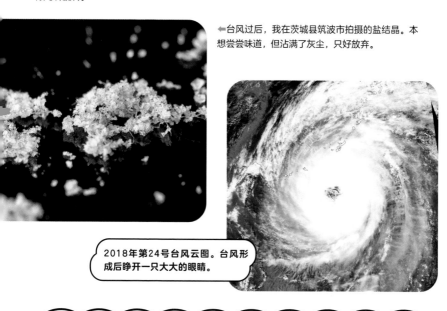

⬅台风过后，我在茨城县筑波市拍摄的盐结晶。本想尝尝味道，但沾满了灰尘，只好放弃。

2018年第24号台风云图。台风形成后睁开一只大大的眼睛。

小知识　台风眼由于有下沉气流，所以难以形成云，眼区多晴天。受下沉气流的影响，空气会出现绝热增温现象，所以有时会比周围的温度高10摄氏度以上。台风眼区即使风力较弱，也要注意暴风随时可能重卷而来。

117

51

台风会导致气温突然升高

当台风逐渐逼近，即使是在夜深人静之时，气温有时也会超过35摄氏度。这是因为空气下沉到山脚时使气温上升，出现了**焚风现象**。

湿润的空气在翻越山脉时，会在迎风坡的斜面形成云雾，然后将其中由凝结产生的潜热释放出来。正常情况下，不饱和的空气每升高1千米，气温会下降10摄氏度；而饱和的空气，由于受到潜热的影响，气温只降低5摄氏度。另外，空气在背风坡由饱和变成不饱和状态，在下降过程中，每下降1千米，气温上升10摄氏度。所以，山脚下会产生高温干燥的风。如果伴有多云和降雨天气，就称为**湿热焚风**；相反，如果没有伴随云雨天气，就称为**干燥焚风**。

台风接近时，受南风的影响，焚风现象经常出现在日本海一侧。而台风经过后，受风向改变后的西风或西北风的影响，太平洋沿岸也会出现这种现象。由过山气流引起的风，有从山顶吹向山脚的下坡风以及向河岸吹的向岸风，这些都是具有地域特色的**局地风**。可以调查一下你所在的地区有怎样的局地风，一定很有趣。

▼ 焚风现象（湿热焚风）的原理

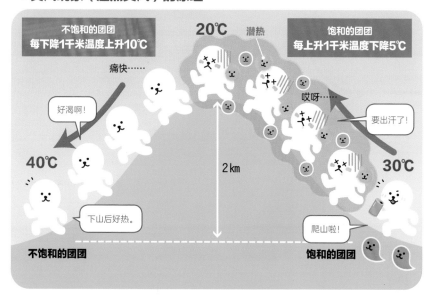

↑据最新研究表明，日本的北陆地区是世界上较多发生焚风现象的地方，其中约80%是干燥焚风，约20%是湿热焚风。即使是湿热焚风也包含大量干燥焚风，两者的组合较多。

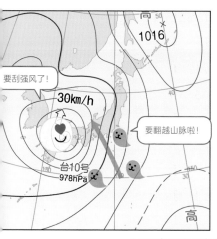

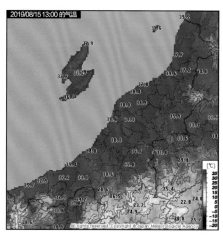

↑2019年8月15日袭击日本的第10号台风。南风翻越山脉进入新潟县，出现焚风现象，导致有些地方气温高达40℃以上。

小知识
焚风的名称起源于阿尔卑斯山脉附近产生的温暖干燥的南风，德语为"吹风机"之意。与此相反，从山顶沿山坡而下的强冷风则称为"布拉风"，源于希腊神话的北风神波瑞阿斯（Boreas）。

52

冬季的天气以山脉为界截然不同

▼日本冬季典型的气象图

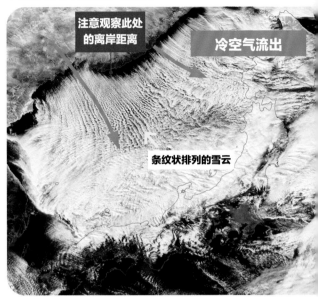

注意观察此处的离岸距离

冷空气流出

条纹状排列的雪云

⬆日本海上空布满雪云，相反，以山脉为分界线，另一侧的关东地区等太平洋沿岸多为晴好天气。离岸距离较短，寒冷空气很强。

冬 季的天气，日本海沿岸和太平洋沿岸的差别极大。这是由气压模式和地理环境造成的。

在冬季，日本西部有**西伯利亚高压**，东部有低压，形成了**西高东低**的气压模式，盛行西北**季风**。西伯利亚高压是由最低温度达零下30摄氏度的强冷空气形成的。而日本海海面水温即使在冬季也有5摄氏度~15摄氏度，所以，对随着季风吹到日本海的寒流来说，日本海就像热气腾腾

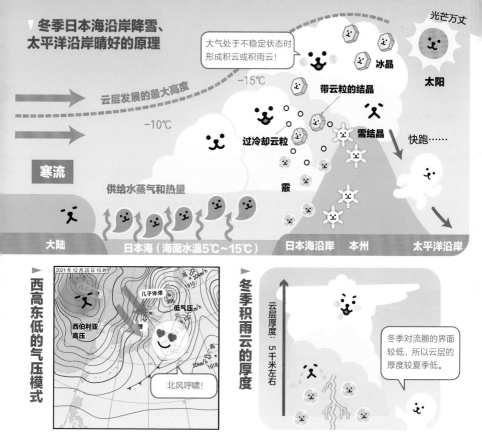

冬季日本海沿岸降雪、太平洋沿岸晴好的原理

光芒万丈

大气处于不稳定状态时形成积云或积雨云！

冰晶

太阳

-15℃

云层发展的最大高度

带云粒的结晶

-10℃

雪结晶

过冷却云粒

快跑……

寒流

霰

供给水蒸气和热量

大陆　　日本海（海面水温5℃～15℃）　　日本海沿岸　本州　　太平洋沿岸

▶ **西高东低的气压模式**

2021年12月25日15时

20km/h

几乎停滞带

1010

低气压

986

西伯利亚高压

暖

1002

30km/h

1018

北风呼啸！

▶ **冬季积雨云的厚度**

云层厚度：5千米左右

冬季对流圈的界面较低，所以云层的厚度较夏季低。

的浴缸。冷空气从海面吸收大量的热量和水蒸气后，变成温暖而湿润的气流（**气团变性**），由于还受到高空寒流的影响，大气处于不稳定的状态。于是，在日本海上空就会出现呈**条纹状**排列的雪云（积雨云），造成日本海沿岸持续降雪。同时，雪云在越过山脉时受到下沉气流的影响而消失，干燥的风（**干热风**）吹到太平洋沿岸，天气晴好。

利用气象卫星云图观看冬季的天空时，这种差别一目了然。当你感受到冬季的风时，请想象一下跋山涉水而来的气流之旅。

小知识　通过气象卫星云图观察冬季的日本海时，如果寒流较为强势，从大陆沿岸到产生云层的位置（离岸距离）会缩短，而当寒流高峰过后，离岸距离也会变长。通过云的形成位置，可以了解寒流的强度。

53

导致日本海沿岸局部暴雪的「JPCZ」是什么？

冬季，有时发生的**局部暴雪现象**会使局部地区的积雪量激增。

其主要原因是**日本海极地气团辐合带**（Japan sea Polar air mass Convergence Zone，缩写：JPCZ）。当西高东低的冬季气压模式加强，冷空气从大陆流出时，会绕过朝鲜半岛南部的山脉，在日本海上空汇聚（减弱），此时就会形成JPCZ。由于JPCZ伴随着强劲的上升气流，会导致形成的积雨云排列成行。所以，一旦出现JPCZ，局部地区的降雪量就会骤增，有时暴雪天气导致人们无法及时铲雪清障，也会导致车辆被积雪所困。所以JPCZ是冬季需要特别注意的天气现象。

暴雪的预警信息会在**早期天气预报**（第101页）中发布。当气象部门预测到暴风雪即将来临时，会发布暴雪紧急公告。此时，需要确认是否已经做好充分的应急准备。暴雪伊始，可关注气象部门的官网查询未来的降雪信息，确认未来可能会降雪的地区和等级。

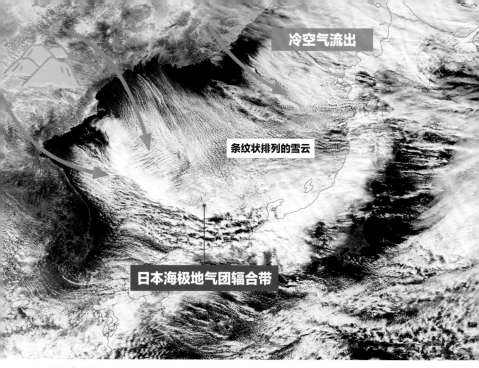

冷空气流出

条纹状排列的雪云

日本海极地气团辐合带

▲ 日本海极地气团辐合带的云图

⬇在气象部门官网查询未来降雪的
信息，可以了解积雪深度、积雪量
以及预测未来6小时的动向。

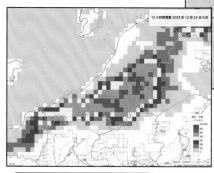

12小时降雪量 2023年12月24日9时

未来降雪 🔍

早期天气预报 2021年12月20日14时30分 发布
信息对象时间: 12月26日~01月03日
降雪量

北海道日本海沿岸
12/26 前后

东北日本海沿岸
12/26 前后

北陆
12/26 前后

近畿日本海沿岸
12/26 前后

山阴

长野县北部·群马县北部
12/26 前后

岐阜县山间
12/26 前后

■ 发布中
□ 未发布

⬆早期天气预报会预报未来6~14天的
大雪信息，需及时关注。

早期天气预报 🔍

小知识

在日本石川县和富山县，人们将晚秋至初冬季节的打雷声称为"鰤鱼起"。因为此
时恰好是捕捞寒鰤鱼的季节，冬季寒流到来，容易生成积雨云。据说，雷电过后捕
捞鰤鱼会大获丰收。

南岸低气压带来的降雪

日本的关东平原地带每年只有数次降雪，不过，一旦下大雪，就会对地面交通和其他社会活动造成严重影响。导致出现大雪天气的是南岸低气压。

南岸低气压是指从秋季到春季经过本州南岸地区上空的低气压。由南岸低气压引起的关东地区大雪，是一种**很难准确预测**的自然现象。天空下雪还是下雨，地面的温度条件尤为重要，但是，在关东地区决定这一点的因素极其复杂。低气压的位置和发展程度会与多种因素相互影响，比如：低气压相关的云层和降水量、地表温度和状态，由地形和气压模式引起的寒冷的北风，以及这股冷风与低气压相关的温暖湿润的南风汇聚后形成的**沿岸锋面**等。以前，传统的经验告诉我们：如果一个低压系统经过八丈岛北部就会下雨；如果它经过南部则会下雪。但研究证实，仅靠低压系统的路径并不能确定是下雪还是下雨。

现在，预测研究仍在进行中，但我们一般假设预测是不确定的，以此为前提，为突如其来的大雪做好充分准备。

▲ **南岸低气压系统中的云层**

↑2014年2月14日~15日，南岸低气压在关东甲信地区带来创纪录的大雪。南岸低气压基本上是一个来自西部的温带低气压，但它有时也会在东海道的太平洋沿岸突然发生。

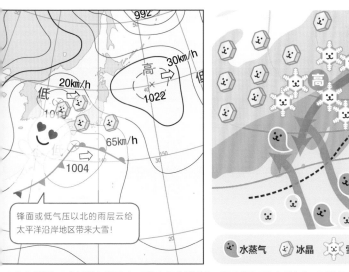

锋面或低气压以北的雨层云给太平洋沿岸地区带来大雪！

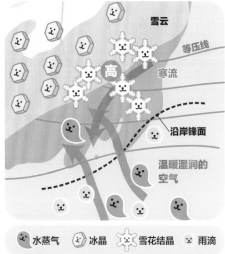

雪云
等压线
寒流
沿岸锋面
温暖湿润的空气

💧水蒸气　❄冰晶　❄雪花结晶　💧雨滴

↑当南岸低气压接近关东地区时，受复杂因素的影响，降雪或降雨会有所变化，目前仍有众多不明原因。

小知识

在关东南部地区形成的沿岸锋面以北是冷空气，以南则较温暖湿润。温差有时甚至超过10摄氏度以上。当人们乘坐的火车从冷空气一侧穿越锋面到达温暖一侧时，湿度迅速上升，乘客的眼镜会起雾（真实发生）。

55

雪的气味究竟是什么？

"下雪前空气中弥漫着**雪的气味**！"从天空降下来的雪是由水冻结而成的，所以无味。但是，在下雪之前，我们的鼻子的确能嗅到它的气味。

这种现象与天空有关。当雪从云层降落到地面时，会发生升华（蒸发）现象，吸收潜热并转化为水蒸气（第33页）。这个过程导致高空到地面的气温下降，湿度增加。随着气温下降，空气分子的运动减缓，人的嗅觉变得迟钝。但是，随着湿度的上升，人的嗅觉被刺激，温湿的空气使鼻孔重新感受到气味。此时，**三叉神经**受到冷空气刺激会产生一种凉爽的感觉，类似吃薄荷后的感觉。

雪的气味实质上是综合因素的结合，包括气温下降、湿度上升、神经受刺激以及嗅觉记忆等。尽管实际上不存在这种气味，但人们认为这些因素的关联会引发对**雪的联想**。或许这就是为什么雪的气味用清新、冰冷、纯净等词语来描述，与对传统香味的描述有所不同。

▼ 为什么能感觉到雪的气味

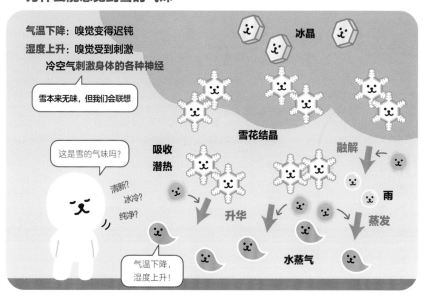

气温下降：嗅觉变得迟钝
湿度上升：嗅觉受到刺激
冷空气刺激身体的各种神经

雪本来无味，但我们会联想

冰晶

雪花结晶

这是雪的气味吗？

清新?
冰冷?
纯净?

吸收
潜热

融解

雨

气温下降，
湿度上升！

升华

蒸发

水蒸气

←雪花结晶的气质与雪的气味
十分吻合，很奇妙。但雨的气
味是有专属名称的（《图鉴1》
第150页）。

观察小实验

→他们正在拍摄雪花结晶，同时感受雪的气
味。雪花结晶可以用智能手机清晰地拍摄到
（《图鉴1》第106页）。我拍摄雪花结晶时
使用的背景是非常廉价的藏蓝色毛毡。

小知识 居住在日本关东地区太平洋沿岸的人们，在冬季晴朗干燥的日子，即使在户外也闻
不到任何气味。这是因为户外寒冷，空气分子活动缓慢。

56

冬季清晨的魔法！一起来观察霜的结晶

冬 季寒冷的清晨，地面上常常会覆盖着一层白霜，看上去闪烁着点点光芒。霜的结晶大小和雪结晶基本相同，所以，使用手机专用的微距镜头就能清晰地拍摄到**霜的结晶**（《图鉴1》第106页）。

由于夜间的辐射冷却效应使气温下降，地面变得寒冷。在接近地面的树叶上，水蒸气升华后形成**结晶霜**，这是我们在冬季经常能看到的现象。此外，还有一种**冰霜**（包括**雾凇**）是由过冷却的雾或云滴（冰点以下仍然保持液体状态）附着后冻结而形成的，还有由冰结晶形成的薄膜状**冰膜霜**等。挂在窗玻璃上的霜称为**窗霜**。

结晶霜的形状婀娜多姿，它和雪结晶一样，根据气温和水蒸气的含量而改变形态。由于目前还没有正式的**结晶霜的分类**，所以，我根据以前的观测结果把结晶霜分为柱状、杯状、针状、板状、扇状、多重板状、贝壳状、树枝状、带冰粒状。清晨，冰霜在朝阳的映照下熠熠生辉，随着阳光的增强逐渐融化。我把这片刻的时间称为**灰姑娘时刻**。如果你想在冬季的清晨体验这段短暂的魔法时刻，请事先确认观察霜结晶的条件，并注意保暖。

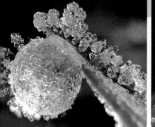

清晨的灰姑娘时刻，朝霞在结晶中产生折射，发出亮丽的彩虹色光芒，稍纵即逝的美丽……

←在社交平台上，如果用"#霜或者雾凇"检索，会看到很多人分享的冰霜照片。

观察小实验

▼ 观察小窍门

使用安装微距镜头的手机在距离霜结晶几厘米的位置进行拍摄！直到日出之后都可以观察！

需注意防寒保暖！

观察霜结晶的有利条件

● 天气晴朗，风力微弱的清晨最低气温在2℃~4℃以下
● 在宽阔的草地，观察靠近地面的树叶

虽然气温为0℃，但由于辐射冷却效应，地表温度约为零下10℃！

手机+微距镜头　手腕固定在地面

▼ 结晶霜的形状与气温、水蒸气含量的关系

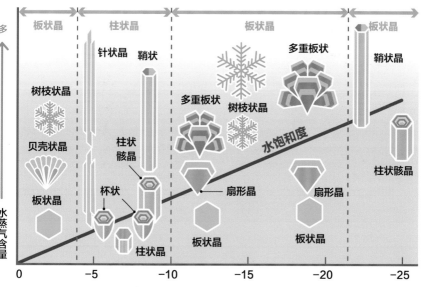

↑图表是我在2001年尼尔森图表（中谷图表修订版）的基础上，根据野外观测结果修改制作而成。

小知识　根据天气预报确认夜间到翌日清晨的天气、风力以及翌日清晨的最低气温，可以观察到霜结晶。使用智能手机拍摄时，最好屈膝俯身（第127页）。同时，需要注意确保周围环境安全。

冬季清晨能观察到的各种冰晶

柱状晶*

杯状晶*

针状晶*

板状晶*

扇形晶*

多重板状晶*

贝壳状晶*

树枝状晶*

※结晶霜的形状分类（＊）为笔者判断，非正式名称。

冻露

液体的朝露水滴冻结而成。

附带冰粒*

结晶霜上附着、冻结过冷却水滴而形成。

由植物形成的冻结水滴

植物的生命活动中，细嫩的树叶尖上会分泌出水滴，水滴冻结后形成。有的呈现花纹状。

雨滴冻结后形成的冻结水滴

由雨滴冻结而成，雨后比较容易看到。

霜柱

土壤中的液态水在毛细管作用的影响下渗出地表，冻结成柱状。

夏季可观察冰棒霜

冰棒表面上也有霜结晶，夏天也能观察到。

57

在零下50摄氏度环境中听到的「繁星细语」

当气温极端低下时会发生一些神奇的自然现象。一起来探寻低温世界的奇观吧。

气温降至零下4摄氏度以下时，自来水管可能会冻结。温度降至零下10摄氏度以下时，玻璃窗上会出现**窗霜**，一片白茫茫。此时，空气中的水蒸气会以**细小冰晶**的形式升华，在阳光的照射下出现**钻石尘**的奇特景象。温度降至零下15摄氏度以下时，房屋可能会发出冻结的声响。在零下20摄氏度以下的严寒中，眉毛和前额刘海上可能结霜，户外行走时难以露出面部。温度降至零下25摄氏度以下时，树木可能会发生开裂现象（**冻裂**）。温度降至零下40摄氏度以下，小鸟和乌鸦可能会因严寒而冻死，从天空坠落。而当温度降至零下50摄氏度以下时，人们呼出的气息会迅速结成冰晶，耳边还会听到沙沙作响的声音，这种神奇的现象被形象地称为**繁星细语**。

日本历史上记录的最低气温发生在1902年1月，当时北海道旭川市的气温降至零下41摄氏度。全球最低气温纪录是在1983年7月于南极测得，达到零下89.2摄氏度！地球上竟然存在这样的极寒世界，实在令人震惊！

泡面在零下10℃的户外冻结。

↑肥皂泡在零下15℃左右会冻结。但据说使用的液体不同，冻结温度也不同。

➡日本广岛县最低气温达零下12.3℃的清晨，钻石尘在朝阳的映照下呈现出五彩缤纷的左幻日。

▼ 根据气温变化产生的自然现象

气温	产生的自然现象（事例）
−5℃以下	自来水管冻结（−4℃），玻璃窗上结出窗霜。
−10℃以下	玻璃窗因结霜而一片白茫茫。产生钻石尘现象（北海道幌加内町称为**天使细语**）。碳酸饮料会冻结。
−15℃以下	房屋冻结并发出声响。
−20℃以下	眉毛和前额刘海结霜，外出难以露出面部。
−25℃以下	树木开裂（冻裂），发出炸裂声。
−40℃以下	小鸟和乌鸦冻死，从天空坠落。
−50℃以下	**能听到繁星细语。**

小知识 2023年1月22日07时，中国黑龙江省大兴安岭地区漠河市阿木尔镇劲涛气象站实测最低温度零下53摄氏度，突破漠河市最低气温的历史极值零下52.3摄氏度（1969年），打破中国有气象记载以来的历史最低气温纪录（2023年1月22日央视网消息）。

58

影响日本气候的厄尔尼诺现象和拉尼娜现象

近年来，我们经常听到关于厄尔尼诺现象的讨论。那么，这究竟是怎样的一种现象，它又与我们的日常生活有着怎样的关联呢？

厄尔尼诺现象是指发生在赤道东太平洋的一种气候现象，它的特点是该地区海面水温异常地持续偏高。相应地，海面水温下降则被称为**拉尼娜现象**。当厄尔尼诺现象发生时，由于热带地区吹的东风（**信风，也称贸易风**）减弱，导致太平洋西部温暖的海水向东传输扩散。相反，如果该贸易风加强，则会导致深海寒冷的海水向上涌出，形成拉尼娜现象。

这种海洋变化不仅会引发大气气温、气压和风向的改变，甚至会影响到较远地区的气候（**遥相关现象**）。日本的气候主要受太平洋高压的延伸以及西高东低气压模式的强弱影响。厄尔尼诺现象发生时，日本的气候会转为夏季偏冷、冬季偏暖，而拉尼娜现象则会导致酷暑和严寒。

所有这些都是气候变化的特征，每天的天气随时可能发生变化。因此，我们可以把气候特征作为长期参考，灵活地获取每天的天气预报信息。

▼ 厄尔尼诺现象、拉尼娜现象出现时 太平洋热带海域的大气和海洋情况

厄尔尼诺现象出现时

东风微弱

暖水 →

印度尼西亚 | 太平洋 | 冷水 | 南美洲

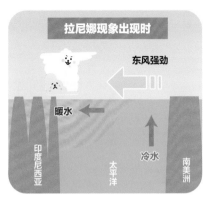

拉尼娜现象出现时

东风强劲

暖水 ←

冷水 ↑

印度尼西亚 | 太平洋 | 南美洲

▼ 厄尔尼诺现象、拉尼娜现象对日本气候的影响

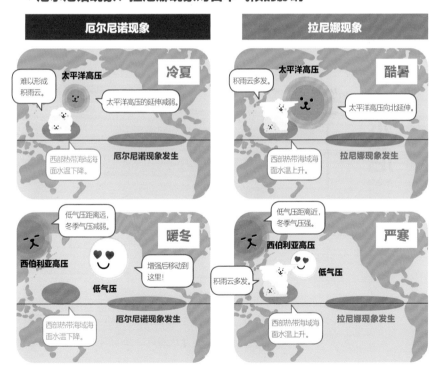

厄尔尼诺现象

冷夏

难以形成积雨云。

太平洋高压

太平洋高压的延伸减弱。

西部陕带海域海面水温下降。

厄尔尼诺现象发生

拉尼娜现象

酷暑

积雨云多发。

太平洋高压

太平洋高压向北延伸。

西部陕带海域海面水温上升。

拉尼娜现象发生

暖冬

低气压距离远，冬季气压减弱。

西伯利亚高压

低气压

增强后移动到这里！

西部陕带海域海面水温下降。

厄尔尼诺现象发生

严寒

低气压距离近，冬季气压强。

西伯利亚高压

低气压

积雨云多发。

西部陕带海域海面水温上升。

拉尼娜现象发生

小知识　厄尔尼诺现象通常发生在圣诞节前后，因此，秘鲁和厄瓜多尔沿岸的渔民们将其命名为厄尔尼诺，原意为圣婴（西班牙语小男孩之意）。而拉尼娜则是小女孩的意思。

自动气象数据采集系统每隔10分钟可确认气象信息和图表，非常方便。

自动气象数据采集系统 🔍

毛发湿度计
铁网中有放置头发的装置。

利用头发可以了解湿度

下雨天湿度很高，头发有时会蓬松散乱，你是否有过这样的经历？实际上，相对湿度从0增加到100%，毛发会伸长2%～2.5%。这是瑞士物理学家H.B.德索修尔（H.B.deSaussure）在1783年发现的。他利用毛发对湿度的敏感性，发明了**毛发湿度计**，通过测量毛发的伸缩变化来记录湿度。

最初，他认为"女性的没有卷曲的金发最适合作为湿度计的感应材料"。但后来的研究表明，经过化学处理的黑发和卷发也可以用作湿度计的感应材料。这个装置非常简单易用，但在较低气温下，精确度会下降。此外，感应材料的毛发容易受到尿素的影响，因此，不宜在饲养家畜的牧场或使用尿素的工厂附近使用。不过，由于毛发湿度计不需要电力驱动，所以不会引发火灾，据说现在广泛用于美术馆等机构。

如今，电动湿度计已经广泛普及，日本气象厅的自动气象数据采集系统也增加了湿度观测项目。你可以通过气象部门的网站查看当前的空气湿度信息。

超有趣的

天气 的故事

天朗气清会使人心情愉悦，
而借助瓢泼大雨可以冲走心中的悲伤。
这表明我们的情绪常常与天气息息相关。
如果我们能够读懂天气，那将是一件多么美好的事情！
本章将介绍预测天气的方法以及天气研究的最新进展，
探讨与天气互动的方式。

59

彻底验证！有关天气传说的真伪

↑准确地说，光环（日晕）出现之后云层变厚，天气从西边开始转阴，带来降雨（《图鉴1》第162页）。

> 日晕三更雨，月晕午时风

自古以来，人们一直尝试预测天气，有许多谚语和传说都被广泛传承。然而，有些方法并没有科学依据，例如，根据甩出脚上的木屐来判断天气。

观天望气是一种基于自然现象和生物行为来预测天气变化的方法，但其中有一些是缺乏可靠性，令人质疑的，需要进行彻底验证（详见第140页至第141页，分为5个级别）。

斗笠云覆盖，大雨随即来

➡覆盖富士山顶的斗笠云非常有名。当日本海出现低气压时，很容易形成这种斗笠云，因此这是降雨征兆的判断依据（《图鉴1》第42页）。

乌云蔽日乳云聚，倾盆大雨即来临

⬅这是预测积雨云带来天气骤变的民间谚语之一（《图鉴1》第165页）。

　　经过研究发现，**关于云彩和天空的传说中有很多是值得信赖的。** 因为云彩的形状、状态、流向可以反映高空气流的状态和风的流动，所以，与天气变化之间的联系非常紧密。但是，**关于生物行为的传说却毫无可信度。** 除了科学依据不足之外，还存在原因和结果相反、异想天开或不切实际的内容。

　　现在，任何人都可以利用天气预报了解气象信息。我们可以适当结合民间传说，让观察天空变得更加有趣！

小知识　关于天气的民间传说与日常生活息息相关，比如：梳子粘头发时即将下雨、饭粒不粘碗时会下雨、木炭容易生火时天会放晴等。这些现象其实都是受到空气湿度的影响而产生的，与天气本身并没有直接关系。

观天望气	解读和理由	可信度
日月有晕，风雨来临	低气压和锋面自西向临近时，薄云（卷层云）笼罩天空，天气将转为阴雨。	可信度较高（○）。晕出现后，云层不断加厚，降雨的可能性较大。
山戴斗笠将下雨	空气湿度较大时，翻越山脉的气流会形成云朵。	可信度高（◎）。日本海上有低气压时，富士山顶容易出现斗笠云，有科学依据。
荚状云是下雨的征兆	锋面和低气压临近时容易出现鱼鳞云（卷积云）和绵羊云（高积云）的荚状云。	可信度高（◎）。由于高空的风力较强，空气湿润，天气从西边开始转为阴雨的可能性较高。为登山者了解天气变化提供了重要的帮助。
炊烟向东飘散放晴	从西边刮来西风，表明高气压临近，天气会放晴。	并不一定准确（？）。如果是在平原或者海角，风不会受到山峦或建筑物的影响可能会是这样，但不确定。
炊烟向西飘散有雨	从东边刮来东风，表明低气压将从西边逼近，带来雨水。	
朝霞不出门	朝霞显示东边天空晴朗，阴雨天气将从西边逐渐逼近。	可信度较低（△）。基于"从西边开始变天"，但很多时候并不准确，最好看天气预报。
晚霞行千里	晚霞显示西边天空晴朗，第二天是晴好天气。	
早虹雨滴滴	早晨看到的虹，是东边来的太阳光照在西边的天空降层的水滴上形成的西虹，显然，西边是天气将要降雨的预示。	可信度较低（△）。基于"从西边开始变天"，但彩虹常见于积雨云比较成布的太阳雨天气。最好利用气象雷达的信息，关注天气变化。
晚虹晒脸皮	傍晚看到的虹是西边射来的阳光照在东边天空降雨层的水滴上形成的东虹，它预示着西边天空已没有降雨云了，天气必然是晴朗的。	
朝雾放晴	微风吹拂的晴朗夜晚至清晨，由于辐射冷却现象而产生雾气，当天会放晴。	可信度高（◎）。辐射雾常见于低气压和锋面过后，雨后晴朗的夜晚至清晨。
黑云压境，雷雨来临	蓝天突然一片昏暗，是因为积雨云正在接近。	可信度高（◎）。积雨云在局部地区生成后天气突变，黑云压境说明有可能积雨云正在接近。如果听到雷声，有遭遇雷击的危险。有时阵风突然增强。
雷声阵阵，雷雨光顾	积雨云正在接近。	
冷风来袭，雷雨伴随	由附近的积雨云释放的冷空气导致冷风来袭。	
蝶状云变为浓积云，大雨将至	入道云（浓积云）转变成积雨云之前会上升，随之把湿润的气流抬升而形成蝶状头巾云。	可信度较高（○）。这些云层的存在表示大气状态不太稳定，因积雨云的发展，有可能引起天气突变。砧状云出现后不一定有暴风，可有的是阵风。乳状云一般出现在乌云密布的砧状云底部，但有时也会出现在其他云层中，需要特别注意。当看到这些云时，最好利用气象雷达的信息，确认自己所在的地方是否出现积雨云。
砧状云出现，暴风来临	砧状云是积雨云发展到极限时产生的，所以会出现暴风雨。	
乌云蔽日乳云聚，倾盆大雨即来临	乳状云一般出现在积雨云发展方向的砧状云底部。	
雷打三日	夏季如果出现雷暴天气，可能会持续三天。因为高空的寒冷空气运动迟缓，所以导致雷暴云较容易持续存在。	可信度高（◎）。夏季，上空的偏西风北上，日本附近的上空风力减弱（第90页），当冷空气流入后会持续一段时间。
飞机云弥久不散，预示有雨	由于形成飞机云的高空湿度较大，天气将从西边开始转为阴雨。	可信度较高（○）。飞机云的形成预示高空是否湿度较大。不过，即使飞机云弥久不散，也未必肯定会下雨，需关注天气预报。
飞机云消散，预示放晴	由于形成飞机云的高空比较干燥。	
鱼鳞云是天气变化的征兆	鱼鳞云（卷积云）容易在西边出现低气压和锋面逼近的天气环境下形成。	可信度较高（○）。一般来说，从西边开始变天的情况较为常见。不过，有时也并不准确，需关注天气预报。

观天望气	解读和理由	可信度
薄雾云是下雨前的征兆	薄雾云（高层云）布满天空，从西边开始变天。	可信度较高（○）。锋面和低气压接近时经常出现，需关注天气预报。
上升云（向北的云）预示有雨	当西部有低气压来临时会刮南风。	并不一定准确（？）。天空的确会出现这种状况，但其他的气压配置也同样会出现云的变化，所以并不是必然的规律。
下降云（向南的云）预示天晴	低气压转移到东边后会刮北风。	
星光闪烁不定，主有风	当高空有强风时，由于大气流动，星光曲折，看上去闪烁不定。	并不一定准确（？）。高空风力的确强劲，但并不一定会导致地上的风力增强。有可能是从西部开始天气转为阴雨。
钟声响彻远方，预示风雨飘摇	当西边有锋面和低气压来临时，暖空气流入高空，于是声波向下弯曲，会传到远方。	并不一定准确（？）。由于辐射冷却造成地表附近的大气冷却，也会造成其他很多状况。
不降晨霜将下雨	冬季的清晨，如果天气暖和就不会降霜，低气压将会来临。	可信度较低（△）。气温较高或者天空有云彩时，不太容易形成霜；天气晴朗，如果刮风也不容易形成霜。
如降晨霜将放晴	晴朗的冬季，夜晚至清晨如果因为放射冷却而降霜，当天会放晴。	可信度高（○）。当出现西高东低的冬季典型的气压配置时，日本的太平洋沿岸清晨会降霜，天气保持晴朗（见第120页）。
雨蛙鸣叫将下雨	空气湿度较高，雨蛙的活动频繁，经常鸣叫。	不可信（×）。空气湿度高并不一定导致下雨，但下雨会导致湿度增加。因果关系相反。
麻雀清晨喳喳叫将放晴	天气晴朗的清晨，麻雀十分活跃，常常四处飞翔，叽叽喳喳地鸣叫。	不可信（×）。科学依据不充足。清晨即使天气晴朗，也会多变。需关注天气预报。
蜘蛛结网预示不下雨	风雨来临之前，蜘蛛好像不结网。	不可信（×）。科学依据不充足。需关注天气预报。
老鹰高飞天放晴，低飞会下雨	晴天有上升气流，老鹰利用气流高飞，而湿度高、能见度受到影响时则低飞。	可信度较低（△）。老鹰的确可以乘上升气流高飞的特点，但如果有云层也会低飞。因果关系相反。
蜜蜂低飞雷雨到	低气压来临时，空气湿度升高时，昆虫的翅膀加重，只能低飞。	不可信（×）。空气湿度高并不一定导致雷雨。需关注天气预报。
燕子低飞会下雨	空气湿度升高时，昆虫会低飞，燕子追逐捕食昆虫，所以也会低飞。	不可信（×）。空气湿度高并不一定导致下雨。需关注天气预报。
猫一洗脸就下雨	空气湿度高时，猫的脸和胡须更容易沾上水分，所以猫会频繁地触摸和整理它们的胡须。	不可信（×）。科学依据不充足。需关注天气预报。
蚂蚁结队会下雨	蚂蚁能预测下雨，它们会把卵从蚁穴搬出，运到安全的地方。	不可信（×）。科学依据不充足。需关注天气预报。
蚯蚓爬到地面大雨将至	当土壤含有大量水分时，蚯蚓会爬到地面避难。	不可信（×）。因果关系相反。蚯蚓会在大雨后爬到地面。其理由有多种。
螳螂在高处产卵预示冬季将大雪	螳螂能预测当年的积雪量，选择安全的地方产卵。	不可信（×）。科学依据不充足。以往曾经有此类报告，后来有实验表明螳螂的卵即使被雪覆盖也不会冻死。
蜜蜂在低处筑巢台风多发	蜜蜂可以预测台风，它们会在风力较弱的低处，较安全的地方筑巢。	不可信（×）。科学依据不充足。需关注台风预报。

60

動漫作品中出現的「很酷的天氣用語」

晴天霹雳

⬆一般用于晴朗的天空中突然雷鸣电闪，以及意想不到的突发事件。这是因为附近的天空生成了积雨云（《图鉴1》第120页）。

碧罗天

➡指万里无云的蓝天，近义词还有碧天、碧空、碧落、碧霄等。

用 来描述天气的词汇有很多。或许是因为汉字给人留下深刻印象并且富有魅力，所以在动画和漫画作品中，这些词汇经常被用于某项技能的名称。

在漫画作品《鬼灭之刃》（日本集英社）中，涉及水、炎、雷、风、霞、月之呼吸，日神神乐（日之呼吸）以及冰术等与气象有关的格斗技能。在此，我整理了一份包括部分技能名称和有

幻日彩光

➡由太阳光形成的七彩光，也被称为"虚幻的太阳"，我称它为"彩虹色汪汪"（《图鉴1》第70页）。

冰柱

⬅水滴落在屋檐下形成冰柱，这个名称似乎暗示它拥有强大的攻击力。当冰柱坠落时确实存在危险。不过，由于现在房屋的隔热性能有所提高，我们很少能看到冰柱了。

关**天气名称**的词汇表（第144页至第145页）。需要注意的是，这份词汇表中总结的是气象术语，并不完全对应作品中的技能名称。

在整理过程中，我深感，如果能了解天气词汇本身的含义，**就能更深入地体验阅读作品的乐趣**。通过把外表酷炫的技能名称与气象背景知识相结合，我们甚至可以从科学的角度理解作品，**让天气变得十分有趣**，这一点实在令人惊叹。因此，不仅是天气，我们在日常生活中也应该多查阅你想了解的词汇。

小知识　气象用语与许多魔法的名称十分相似。比如：旋风、龙卷风、暴降气流、风暴、积雨云、暴风雪、钻石尘、小尘暴……魔法的种类真是多种多样。

名称	解释
旱天慈雨	连续干旱时期的降雨，久旱逢甘雨。期待已久的愿望得以实现，也比喻从艰辛困苦中获得解救。
扭转旋涡	停滞的锋面上形成低气压前出现的锋面旋涡。
瀑布潭	瀑布落入的深潭，有时会产生瀑布云（《图鉴1》第50页）。
浪花	当海浪拍打海岸时，海浪尖上产生的飞沫。浪花的飞沫蒸发后会生出海盐的结晶颗粒。
凪	风平浪静的状态，指的是在清晨和傍晚的时刻，沿海岸线上海风和陆风（《图鉴1》第40页）相互转换时，海面上出现风平浪缓、宁静安详的景象。
不知火	日本九州地区的明海和八代海，夜晚有时会出现许多光柱在空中摇曳的神奇现象。这些光柱是由渔船上的渔火产生的，受到横向气温差的影响而产生折射，从而形成侧向蜃景的奇特景观。"海市蜃楼"可参照《图鉴1》第94页至第97页）。
炎天	夏季异常炎热的天空和天气。因为热对流容易产生上升气流（第16页）。
浪潮	远方的台风导致波浪传来的海潮，其特点是海浪平滑且波长宽大，规则有序（第164页）。
晴天霹雳	万里无云的天空突然响起的惊雷。即使不在积雨云的正下方，但在听到雷鸣的区域内也存在雷击的危险（《图鉴1》第120页）。
稻魂	稻田里的神灵。也指闪电。
聚蚊成雷	即使是蚊虫，如果成群聚集，它们拍打翅膀的声音也会如雷般惊天动地（第94页）。寓意弱小的群体如果凝结在一起也能发挥巨大的力量。
远雷	远方传来的响彻天际的雷声。俳句中象征夏天的季语。
热雷	由于阳光的照射，地表附近的大气升温，在气团中产生雷雨。也称气团性雷雷。
界雷	由于寒冷锋面导致的上升气流中出现的雷雨。
热界雷	热雷和界雷组合在一起的雷雨。
涡雷	伴随低气压或台风产生的上升气流中出现的雷雨。
电光雷轰	电光即闪电，雷轰指的是雷鸣，寓意为气势磅礴宏大。
雷轰电击	雷轰即雷鸣，电击指的是闪电，寓意为气势磅礴宏大。
火雷神	雷神。出自人们对雷电的敬畏以及对雨水的感恩等民间信仰。另外，打雷可以促进蘑菇丰收（《图鉴1》第119页）。
尘旋风	强烈的阳光导致地表温度上升，产生上升气流，旋风卷起地面的沙石和尘土，漫天飞扬（《图鉴1》第124页）。也称尘魔、尘卷风、旋风。
科户之风	风的名称。源于日本神话中的风神级长户边命。吹散一切污名冤罪之风。自古以来，日本人非常注重风，风起之处称为"科户"。
晴岚	晴空中仿佛薄雾笼罩。吹拂在晴空的山风。也称为青岚。俳句中象征夏天的季语。
风树	在风中摇曳的树木。
沙尘岚	沙石和尘土被大风卷起的现象。
寒秋落山风	深秋至初冬刮起的凛冽的寒风（第108页）。因为寒风会导致树木枯萎而得名。
焚风	从山顶刮来的强风。因气流翻越山脉而引发的风（《图鉴1》第43页），是具有地域特色的局地风（第118页）。
黑风	导致飞沙走石，乌云遮日的强风，也称为旋风，暴风。
烟岚	笼罩在山中的雾或霭。山霭。
黑风白雨	狂风暴雨。暴风雨。白雨是阵雨的意思。
劲风	猛烈的风、来势凶猛的阵风、强风。
天狗风	突然袭来的旋风、尘卷风。
烈风	异常强烈的风。另外，"初列风切"是指鸟翅膀的尖端部分。

雷暴云逼近！

狂风大作！

名称	解释
霞	雾、霭、霾都是描述远处景色模糊不清的状态（第60页）。原意是形容清晨和傍晚的霞光。俳句中象征春天的季语。
雾	极小的水滴在大气中悬浮，导致视线不足1千米的状态。
霭	极小的水滴和湿润的悬浮微粒飘散在大气中，导致视线在1千米以上10千米以下的状态。
霾	肉眼看不到的极小的干燥悬浮微粒飘散在大气中，导致视线在10千米以下的状态。
垂天	指云彩从天空垂落而下，或者处于这种状态的天空。高远的地方。
远霞	远方飘散着的彩霞。
八重霞	重重叠叠地飘散在天空中的彩霞。
平流雾	温暖湿润的空气流动到较冷的陆地上或海面上时，受冷却而产生的雾（第31页），海雾。
云霞	云和霞。另指人的奔跑速度极快，军队的人数众多等。
胧	形容夜晚的云霞，周围景色模糊不清的状态。
弄月	眺望月色，赏月。
月魄	指月亮，月神。
灾祸	由于自然灾害等所受的灾祸。
孤月	月亮呈现孤独凄凉的样子。
萝月	映照在藤萝上的月光。
纤月	弯月等，月牙形的细月。俳句中象征秋天的季语。
月虹	因月光映照而出现的彩虹（第44页）。
半轮月	残缺一半或者更多的残月，半月。
上弦/下弦	从新月至满月时的半月是上弦月，反之则是下弦月。弦指弓箭的弦，上下弦月的分辨方法是，当月亮沉入西边天空时，上部有缺口时即为上弦，反之则为下弦。
碧罗天	万里无云的蓝天。也称为碧天、碧空、碧落、碧霄。
烈日红镜	烈日是光照强烈的太阳，红镜指太阳。
炎阳	夏日灼热的太阳。
阳华	灿烂的阳光和光线。"华"指灿烂的光辉。
日晕	22度幻日（第44页），也称为日伞。另外，彩虹在中国古代被认为是龙的化身。
斜阳	傍晚落入西边天空的太阳和阳光，夕阳。
飞轮	指太阳。
阳炎	夏季的中午，道路上局部温度升高的空气导致光线发生折射，景物发生摇晃的现象（《图鉴1》第96页）。
恩光	哺育万物的阳光，春光。
幻日	出现在太阳左右的彩虹色光（第44页，《图鉴1》第70页）。
莲叶冰	大海、湖泊以及池塘里冻结的冰开始融化，冰块互相挤压，导致冰块的边缘呈翻卷状态。流冰。
冻云	低垂阴冷的云朵。另外，阴郁寒冷天的云朵称为寒云。俳句中象征冬天的季语。
寒烈	指寒风凛冽的情景。
严冬	冬天的荒凉景象。俳句中象征冬天的季语。
冰柱	建筑物屋檐下或山岩上冻结的冰柱，水滴落下时形成的冰柱。
雾冰	在0摄氏度以下的环境中，过冷却的雾或云的颗粒附着在树木上产生的现象。呈白色或半透明，结晶的结构十分显著。也称为树冰、粗冰、树霜。
白日	阳光灿烂的日子，白天或者白昼。

月缺在上面，所以是上弦月！

月亮

名称很多哟！

光芒万丈

我会让天空放晴！

太阳

第 5 章 天气

61

谁都能轻松读懂！天气图的解读方法

我们经常在天气预报中看到天气图，很多人会认为它的专业性很强。不过，如果能掌握简单的解读方法，谁都能轻松读懂！

一般来说，**天气图**是指描绘地面（海拔0米）大气运动的地面天气图。天气图上的线称为**等压线**，是连接气压相等地点的线条。等压线以1000百帕（hPa，压强单位）为基准，每4百帕画一次，每20百帕画一条粗线。等压线之间的间距越窄，气压差越大，可以解读为风力越强（《图鉴1》第125页）。另外，"高"表示**高气压**的中心位置，"低"表示**低气压**的中心位置。当高压覆盖该地区时，会出现下沉气流，因此很难形成云层，天气晴朗；而在低气压区附近会出现上升气流，因此产生的云层较多，容易出现阴雨天气。**锋面**是表示暖气团和冷气团的交界面，因为有上升气流，所以也很容易转变为阴雨天气。

只要掌握这些基础知识，就可以从天气图上大致了解未来几天的天气情况。如果你在电视上看到天气预报，试着解读一下吧。

▼ 天气图的关注要点

动手小试验

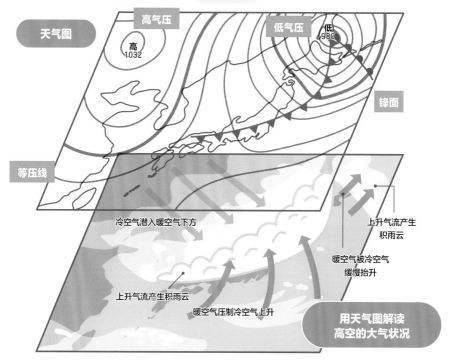

高气压

天气图

高
1.032

低气压

低
.980

锋面

等压线

冷空气潜入暖空气下方

上升气流产生积雨云

暖空气被冷空气缓慢抬升

上升气流产生积雨云

暖空气压制冷空气上升

用天气图解读高空的大气状况

▼ 等压线和风力的解读方法

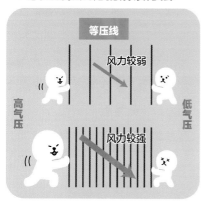

等压线

风力较弱

高气压

低气压

风力较强

↑ 受科里奥利力的影响，北半球的空气流动向右偏转，从而影响风向（第88页）。

▼ 锋面的种类

暖锋 ━━●━━●━━●━━

当暖空气的势力比冷空气强劲时，暖空气压制在冷空气上方移动。

冷锋 ━━▼━━▼━━▼━━

当冷空气的势力比暖空气强劲时，冷空气主动潜伏在暖空气之下移动。

锢囚锋 ━●▲●▲●▲━━

冷锋追上暖锋时形成，低气压系统处于高峰期。

准静止锋 ━●▽●▽●▽━

冷空气和暖空气势力相当时形成并缓慢移动。它们在梅雨季或秋雨时期经常出现在日本附近，造成长时间降雨。

小知识　最新和以往的天气图可以在气象部门的网站上检索"天气图"得到。因为天气图是工作人员手工绘制的，所以偶尔由新员工绘制的天气图会稍显凌乱……并不多，望谅解。

62

天气类型竟有100种，天气图的基本知识

日本的天气图主要描绘了日本附近的天气。除此之外，还有使用**国际通用天气符号**记载地面观测数据的**亚洲太平洋地区实况天气图**。一起来了解天气的状况吧。

在天气符号中，△是利用气象仪器设备的自动观测点，○是人工观测站，由工作人员进行天气和云层的观测。**现在的天气类型**，如果详细区分可多达**100种**！图形符号也有96种。此外，还有以往的天气记录和高云族、中云族、低云族的种类以及云量等多种信息。其中，使用箭头标识天空中整体云量○的种类、风向和风力。天气图上还标记有低气压、高气压、锋面以及海上警报。由于信息量较大，请参照第149页至第151页的介绍。

如果你能读懂天气图，就像破译密码一样令人兴奋。气象部门网站上的天气图有放大版，不妨尝试解读一下自己所关注地区的天气情况。

天气符号

一起来解读东京的天气吧！
（答案见第171页）

↑2022年1月6日14时（北京时间）亚洲太平洋地区实况天气图

▼ 国际通用天气符号

动手小试验

⚑—— 自动观测用△标注

ddff: 风向　风速

TT: 气温（℃）

ww: 现在天气

N: 全云量

C_L: 层积云、层云、积云、浓积云、积雨云

N_h: C_L（C_M）的云量

C_H: 卷云、卷积云、卷层云

C_M: 高积云、高层云、雨层云

pp: 气压变化量（0.1百帕单位）

a: 气压变化倾向

W_1: 过去天气

$$ff$$
$$dd \quad TT \quad C_M$$
$$C_H$$
$$ww \quad (N) \quad \pm pp \quad a$$
$$C_L \quad N_h \quad W_1$$

▼ 云量

○	◐	◑	◓	◕	◕	◕	◑	●	⊗	⊖
0	1	2,3	4	5	6	7,8	9,10	10	由于天气现象导致的天空状况不明	天气现象以外，天空状况不明或者无观测

▼ 云的形状

高云族			中云族			低云族					
卷云	卷积云	卷层云	高积云	高层云	雨层云	层积云	层云	层云断片	积云断片	积云	浓积云	积雨云

小知识

天气图中还有描绘高空气象状况的**高空天气图**。不同的高度有不同的天气图，把这些天气图组合在一起，立体地观测天空进行天气预报。可以参考气象部门的网站，感兴趣的话试试看吧。

▼ 现在天气的符号（有气象工作人员的观测站专用）

ww \ w	0	1	2	3	4	5	6	7	8	9
0										
1										
2										
3										
4										
5										
6										
7										
8										
9										

现在天气	现象
00～03	云层变化不明，未发生变化（不记录）
04～09	烟尘、霾、风尘、尘卷风等
10～12	霭、地雾、接近地表的冰雾
13～19	闪电、可见区域内降水、龙卷风等
20～29	前1小时内发生过降水和电闪雷鸣
30～39	沙尘暴、暴风雪
40～49	雾、冰雾
50～59	雾雨（毛毛雨）
60～69	雨
70～79	雪、非骤雨性固体降水
80～90	骤雨、骤雪、霰、雹
91～99	伴随雨、雪、冰雹等的雷电

> 骤雨、骤雪是由浓积云和积雨云导致的降雨和降雪

国际通用天气符号 🔍

▼ 过去天气的符号

过去天气	现象
不记录	晴天、阴天
	沙尘暴、暴风雪
	雾
	雾雨（毛毛雨）
	雨
	雪或雨夹雪
	阵性降水
	风暴

※关于现在和过去天气的详细介绍，请查阅气象部门网站。

▼ 风向36方位、16方位

风向风速的事例

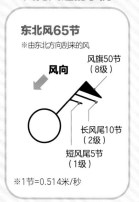

东北风65节
※由东北方向刮来的风

风向

风旗50节（8级）

长风尾10节（2级）

短风尾5节（1级）

※1节=0.514米/秒

▼ 天气图中的符号

符号	解说
H	高气压
L	低气压或者低压部
TD	热带低气压
×	高气压和低气压等的中心位置
气压（1018等数字）	大型高气压和低气压等的中心气压（hPa百帕）
速度（20节等数字）	高气压和低气压的速度
⇐	高气压和低气压等的移动方向

▼ 气压变化倾向（3小时内）

0	∧	上升后下降（0+）
1	⌿	上升后保持稳定/上升后缓慢上升（+）
2	╱	稳定上升/变动上升（+）
3	⩗	下降后上升/稳定后上升/上升后急剧上升（+）
4	—	稳定（0）
5	╲	下降后上升（0—）
6	⟍	下降后稳定/下降后缓慢下降（—）
7	⟍	稳定下降/变动下降（—）
8	∧	稳定后下降/上升后下降/下降后急剧下降（—）

※0 / + / −：现在的气压等于/更高于/更低于3小时内的气压

▼ 海上警报符号
※海上警报的对象海域在天气图上用波浪线标识。

符号	英文	中文	发布标准
FOG[W]	FOG WARNING	浓雾警报	视野（水平方向可见距离）0.3海里（约500米）以下
[W]	WARNING	一般警报	热带低气压导致的风，最大风速28节以上、34节以下（风力6~7级）
[GW]	GALE WARNING	大风警报	最大风速34节以上、48节以下（风力8~9级）
[SW]	STORM WARNING	暴风警报	最大风速48节以上（风力10~11级）
[TW]	TYPHOON WARNING	台风警报	台风最大风速64节以上（风力≥12级）

63

从零开始学习天气预报的制作流程

我们每天都能看到或听到**天气预报**，那么，它是如何制作的呢？一起来了解吧。

首先，从**气象观测**开始（右图❶）。观测方法有高空气球观测，还有来自太空的气象卫星观测，世界各地每天都在不断地观测各地的天空。其次，工作人员剔除误差较大的数据（**质量管理**），制作一份接近实际的假想天空数据（❷**数据同化、客观分析**）。根据这些数据，进行预测未来天空的**数值模拟**（❸）。这时使用的是**数值天气预报模式**。由于这个过程是组合目前已知的大气流动以及云和辐射等物理法则的设计图（程序），但地球整体气象数据的计算规模十分庞大，所以必须使用超级计算机进行运算。这个模式并非完美无缺，有时也会出现不准确的预测。因此，为了增加计算结果的可信度和地区特性，气象部门的天气预报员们需要制作天气预报（❹）。

天气预报是在许多人的不懈努力下制作完成的。如果能为人们的生活提供方便，我们气象工作人员将感到十分荣幸。

天气预报的制作流程

① 气象观测

无线电高空测候器

气象卫星

气象雷达

船舶

地面气象观测

风廓线仪

③ 数值模拟

通过数值天气预报模式预测大气未来的变化

将已知理论组成预测模型进行未来气象运算！！

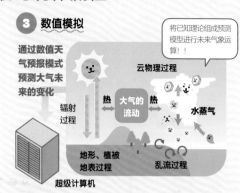

云物理过程

热　大气的流动　热

水蒸气

辐射过程

地形、植被地表过程

乱流过程

超级计算机

② 制作接近实际的假想天空数据

删除误差较大的数据。

质量管理

制作反映观测数据的现实大气数据图。

数据同化，客观解析

④ 解释和评估计算结果，制作预报和警报

这个计算结果并不准确，我们会使用符合实际情况的计算模式，根据地区特性进行预报。

天气预报员

天气预报员

有时数值预报模式无法预测突然出现的雨云，我们会根据观测发出预警。

什么是数值模拟？

数值预报模式

有各种部件的模型（模式）

每个部件都包含很多设计图（程序）

数值模拟（数值天气预报）

使用数值预报模式进行运算，预测未来的位置（大气状态）

经过一段时间，应该能到达预定的位置！

如果出发点和部件不准确，将会到达错误的位置

出发点（初始值）

如果没有气象观测……

无法了解天空的状况，数值模拟从一开始就会出现偏差，预报的精确度就会下降！

气球

测候器

直接观察高空的无线电高空测候器

如果不能证实数值模拟的结果正确与否，就不能提高数值预报模式的精确度。

观测很重要！

小知识

中国的第一次天气预报是1956年7月1日，由中央气象台第一次通过中央人民广播电台等媒体向北京市民提供天气预报服务，拉开了气象信息向公众传播的序幕。现在，我们查询天气信息真是太方便了！

64

造成天气预报不确定性的原因是"混沌"现象

即使是在科学技术发达的现代，天气预报有时也不准确。其中一个原因就是"混沌"现象。

所谓**混沌现象**，是指在气象领域的微小偏差（**误差**）会随着时间的推移而不断扩大。大气的这种特性尤为明显，比如，和预测第二天的天气相比，预测一周之后的天气精确度会下降。所以，气象学者们正在研究精确观测和改进初始值（**数据同化**）的技术，以便减少数值预报模式中初始值的偏差。同时，还有一种方法是**集合预报**，给出容易产生的误差进行多项数值模拟，以验证误差的程度。这种方法除了用于台风圈（《图鉴1》第158页）预测以外，还用于**一周天气预报**，通过**可信度**表示预报的准确性。

尽管如此，由积雨云和龙卷风、线状降雨带引发的暴雨以及南岸低气压引起的暴雪（第124页）等自然灾害，并不是混沌现象的问题，而是使用数值天气预报模式很难预测的自然现象。我们气象工作人员将会逐步深化研究成果，提高预报的精确度，请静候佳音。

▼ 天气预报中的混沌现象图示

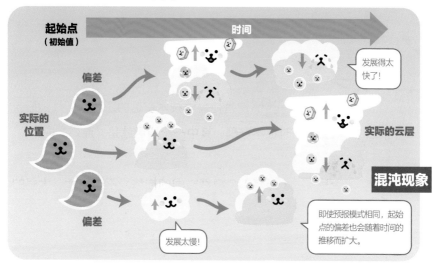

⬆ "混沌"一词源于希腊语Chaos，意为宇宙初开之前的景象。在气象预测中表示误差越来越大。

日期	今晚 07日（周一）	明天 08日（周二）	后天 09日（周三）	10日 （周四）	11日 （周五）	12日 （周六）	13日 （周日）	14日 （周一）
东京	晴间多云	多云间晴	晴转多云	阴有时有雪或雨	阴有阵雪或雨	多云间晴	阴有阵雨或雪	阴
降水概率（%）	-/-/-/10	10/10/0/10	20	80	50	30	50	40
可信度	-	-	-	A	C	A	C	B
最低/最高(℃)	- / -	1 / 10	1 / 11	1 / 5	2 / 10	0 / 10	1 / 7	3 / 11

一周天气预报	🔍

一周天气预报的可信度用A~C来表示，越接近C，表示天气预报变化越大。请确认最新的天气预报。

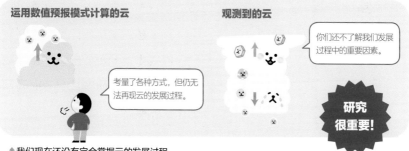

运用数值预报模式计算的云

考量了各种方式，但仍无法再现云的发展过程。

观测到的云

你们还不了解我们发展过程中的重要因素。

研究很重要！

⬆ 我们现在还没有完全掌握云的发展过程。

小知识

1920年前后，英国气象学家理查德森花了6周的时间通过手工运算，推演出未来6小时的天气预报。他表示如果有6.4万人一起运算就可以有效进行预报。这就是著名的**理查德森梦想**。

65

利用昆虫可以预测天气突变?!

"利用昆虫可以预测天气突变"似乎是民间的观天望气方式,但出人意料的是,昆虫的确可以帮助人们预测天气。

雨雪天气可通过**气象雷达**观测。雷达发射出电波(电磁波)后,根据返回的电波(回波)强度了解雨雪的位置和强度。就像救护车经过我们身边时警报声音会发生变化那样,电波遇到移动的物体时,波长会发生变化,这就是**多普勒效应**。利用这个原理,根据发出和返回的不同波长就可以推测风向。

其实,雷达可以捕捉到和雨滴或雪粒大小相似的昆虫。云体稀薄或没有云的晴朗天气出现的**晴空回波**(天使回波),原因之一就是随风聚集在锋面上空的昆虫引起的。而有一些预测天气突变的研究正是利用这种晴空回波获取到的风向信息来进行的。

利用昆虫引起的晴空回波可以了解锋面的位置和动向,有利于研究积雨云的形成原理。未来,或许可以通过昆虫来预测局部地区的大雨天气?

▼ 昆虫引起晴空回波的示意图

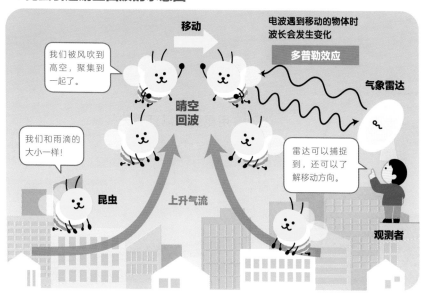

移动

电波遇到移动的物体时
波长会发生变化

多普勒效应

我们被风吹到高空，聚集到一起了。

晴空回波

气象雷达

我们和雨滴的大小一样！

昆虫

上升气流

雷达可以捕捉到，还可以了解移动方向。

观测者

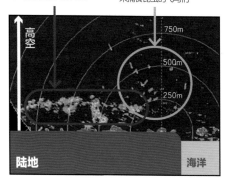

昆虫们随着热对流升空

来捕食昆虫的飞鸟们

高空

750m

500m

250m

陆地

海洋

⬆ 在日本长崎县的小岛上观测到的晴空回波。不仅能看到昆虫随着热对流升空的情景，还能看到捕食昆虫的飞鸟们，非常罕见的观测实例。陆地上可以看到昆虫飞翔而海上则看不到，这是因为海面上的冷空气有所下降。

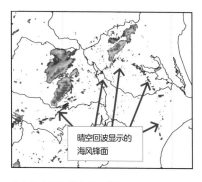

晴空回波显示的海风锋面

⬆ 在日本关东地区出现的海风和陆风相遇产生的海风锋面上的晴空回波。锋面上形成了超级单体，造成龙卷风袭击千叶县野田市和埼玉县越谷市（2013年9月2日）。

小知识

据研究显示，在日本关东地区使用气球捕捉引起晴空回波的昆虫时，发现其中有蜜蜂和浮游蜘蛛。气象雷达除了昆虫以外，还能捕捉到候鸟、火山喷烟以及大面积烧荒时产生的烟雾。

暴雨研究的最前沿！探测水蒸气的新技术

洪水灾害的发生一般是由积雨云和线状降水带导致的，而**水蒸气**是形成它们的重要根源。以前，人们使用气球（无线电高空测候器）来观测高空中的水蒸气，但是，积雨云的寿命仅有30分钟到1小时，而实施观测的频次是12小时仅有1次。所以现在，人们正在研究开发高频度探测气象的技术。

微波辐射仪就是其中之一。这种仪器并不像雷达那样发射电波，而是接收天空和云层发出的微弱电磁波。气象人员根据波长测量电磁波的强度，推测天空中不同高度的水蒸气含量和气温。它的观测时间间隔仅在几十秒至几分钟之间，可以进行超高频度的观测。气象人员使用这个仪器研究夏季山区地带形成积雨云的特点时，发现傍晚5点左右出现的积雨云引发的暴雨，是清晨至中午的这段时间，大气状态突然变得不稳定导致的。

气象部门为了提高线状降水带的预测精确度，正在积极投入微波辐射仪的使用。为了预防自然灾害，气象工作人员今后也将继续努力进行气象研究。

↓以前日本的微波辐射仪都依赖进口，最近日本国内也研制出了小型微波辐射仪，安装在船舶上用来进行海上水蒸气的观测。

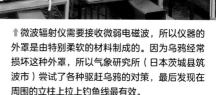

↑微波辐射仪需要接收微弱电磁波，所以仪器的外罩是由特别柔软的材料制成的。因为乌鸦经常损坏这种外罩，所以气象研究所（日本茨城县筑波市）尝试了各种驱赶乌鸦的对策，最后发现在周围的立柱上拉上钓鱼线最有效。

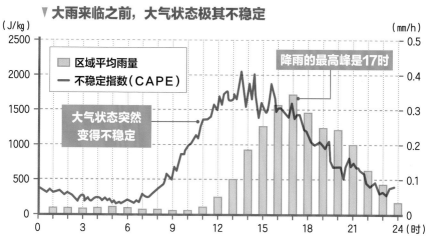

▼ **大雨来临之前，大气状态极其不稳定**

（J/kg）　　　　　　　　　　　　　　　　　　　　　　（mm/h）

图例：
- □ 区域平均雨量
- ── 不稳定指数（CAPE）

大气状态突然变得不稳定

降雨的最高峰是17时

↑夏季晴朗之日，在日本中部山区地带，积雨云产生之后大气不稳定指数（CAPE，左纵轴）和雨水特性（山区的平均雨量，右纵轴）的时间变化示意图。引自荒木的论文（2021年）。

小知识　乌鸦对微波辐射仪的危害十分惊人。日本筑波市的乌鸦非常凶猛，在其他地方相对比较有效的防鸟或防猫的网罩以及黑胶长靴在这里完全不起作用。据说其他的防护措施如果在筑波市有效的话，在日本各地都会有效。

67

2100年东京的最高气温将达到43摄氏度?!

现在，可以说我们正面临着**气候危机**的影响。当你听到**全球气候变暖**的说法可能并没有危机感，但地球气候的变化正在加速前进，如果不尽早采取对策，将面临失控局面——人类正处于生死存亡的紧要关头。

全球升温将是怎样的局面呢？我们可以通过一份**2100年天气预报**来了解。届时，预计日本东京以及日本各地夏季的最高气温将达到40摄氏度以上，那将是**高温灾害**。预计每年因中暑死亡的人数将达到1.5万人；农作物歉收将对农业带来深刻的影响；还有海面水温上升，**猛烈的台风**将经常袭击日本列岛。

为了尽可能地减少这样的自然灾害，现在全世界共同设定了一个目标：努力将全球平均气温上升幅度控制在工业革命以来1.5摄氏度的水平。为了实现此目标，在2050年前，全球需要实现二氧化碳等温室气体净零排放。所以，最重要的是全社会和每个人都要为此而努力。

那霸
38.5

札幌
40.5

秋田
42.5

新潟
43.8

仙台
41.1

金泽
42.4

松江
42.1

东京
43.3

福冈
41.9

广岛
42.3

大阪
42.7

名古屋
44.1

高知
42.0

鹿儿岛
41.0

**2100年
未来天气预报**

今年日本各地的最高气温（℃）

（2100年8月21日）

⬆日本各地最高气温超过40℃将成为日常现象……

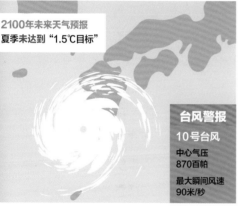

2100年未来天气预报
夏季未达到"1.5℃目标"

台风警报

10号台风

中心气压
870百帕

最大瞬间风速
90米/秒

⬆预计前所未有的猛烈台风会经常袭击日本。

我们还可以一起来探讨是否还有其他措施，积极参加低碳减排相关的活动和讲座，让更多的人一起参与，共同努力！

个人能参与的减少温室气体的对策（事例）

光芒万丈

⬆有效的措施是把自家的用电改为可再生能源发电，或者在屋顶安装光伏发电设备。这个话题可以和家人一起探讨。

⬆可以在学校向老师咨询减少温室气体排放的措施，从自身做起、从小事做起。

小知识

如果由于全球气候变暖，地球平均气温上升4摄氏度，预计海平面升高1米，全日本约90%的沙滩将被淹没。海拔较低的地区将被海水淹没，有3400万人居住的地区将会遭受因海平面上升所造成的危害。

68

雷雨天气时一定不要在树下避雨！

许 多漫画作品中有描绘突然下雨，主人公躲到大树下避雨的场景。其实，这是非常危险的行为。

天气突变是因为**积雨云（雷暴云）**所致。它的横向扩展面积只有几千米至十几千米，相对比较狭窄，所以，当积雨云笼罩在我们头顶时就会突降暴雨。雷电很容易击中大树和电线杆，如果落在树上，大量的电流会流向地面。此时，雷电通过树干和树枝产生**侧击雷现象**，传导至周边的人或物体。所以，**雷雨天气时在树下避雨非常危险**，距离树木至少要4米远。

避雨的最佳选择是，在天气突变之前尽快进入安全的建筑物内。汽车内也是躲避雷雨比较安全的场所。当天气预报中出现**大气状态不稳定**、**打雷**、**龙卷风**等关键词时，一定要多加注意！如果进行户外活动，也要参照积雨云的观天望气方面的知识（第140页），结合是否有雷鸣电闪，以及气象雷达的信息，尽早做好预防措施，去安全的地方避险。

▼ 下雨天为什么不能在树下避雨？

雷雨时，
在树下避雨非常危险！

如果听到打雷声，要迅速远离树木和电线杆以及游乐设施，保持4米以上的距离。最好是在雷雨之前躲避到安全地带！

侧击雷

一定
不要！

4米以上（大约是1辆普通轿车的长度）

⬆ 在有河水的桥下避雨有可能遭遇洪水，所以也不能选择桥下避雨。

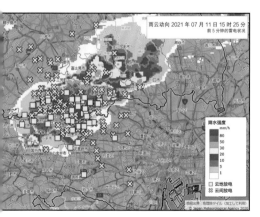

雨云动向 2021 年 07 月 11 日 15 时 25 分
前 5 分钟的雷电状况

降水强度
mm/h
80
50
30
20
10
5
1
□ 云地放电
⊠ 云间放电

⬆ 在气象网站的"雨云动向"页面，可以了解到云地放电和云间放电的位置。

实时天气预报 🔍

※ 实时天气预报＝雨云动向

▼ 如果在户外听到雷鸣……

雷鸣声是落雷即将发生的信号

要躲避到建筑物或汽车内

小知识

飞机遭到雷击是相当罕见的事件。即使在无电荷的云层中，飞机穿越时也有可能引发雷电。不过，由于飞机采取了避雷设计，即使遇到雷电也不会导致坠机风险。

台风登陆时在「哪里」有「什么」危险？

当台风登陆时，我们需要提前了解在"哪里"有"什么"危险。

即使你所在的地方不是台风中心，也需要预防**巨浪**和**暴雨**的袭击。暴风形成**大风浪**，**波浪**传播至远方，很容易引发**巨浪滔天**的现象。同时，由于静止锋停滞不前，导致台风带来的湿润空气沿太平洋高压边缘流动，引发暴雨。

研究表明，台风的雨云到来时，在前进方向的右前方容易形成**龙卷风**。而且，还要警惕台风前进方向的右侧，接近台风中心的地区可能出现**暴风**和**风暴潮**。由于台风自身的风速和移动速度的双重作用，右侧风力更加猛烈。因强风造成的**近岸海水堆积效果**和气压骤降带来的**负压吸水效果**导致海面异常增高，形成风暴潮。

如果预报台风即将来临，需要及时确认自己所在的位置是否位于台风路径上，还需确认距离台风的远近。请务必关注最新消息以确保安全。

▼ 台风路径
与容易引发的自然灾害

巨浪

由于波浪的传送，即使远离台风中心也会出现。

暴雨

即使不在台风中心也会引发暴雨。尤其是静止锋停滞不前（梅雨锋和秋雨锋）时需密切关注。

台风路径

龙卷风

在台风路径的右前方容易形成。

暴风和风暴潮

台风路径的右侧需要提高警惕。特别是遇到涨潮期会形成危害极大的风暴潮。

➡ 在气象部门的官网上确认台风信息！台风圈并不是用来表示台风范围的大小，而是表示预报时台风中心在该时间有70%的概率进入该圆圈之内。台风圈越小表明台风按照预测的路径移动的可能性越大（《图鉴1》第158页）。通过了解台风路径，预测自己所在地区是否会引发自然灾害，尽早采取防范措施。

台风信息 🔍

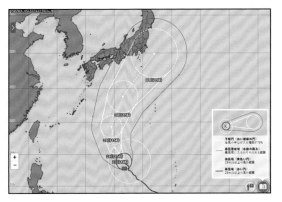

小知识

以前认为台风路径的右侧是危险半圆区域，左侧是船只可航行的半圆区域。但左侧也并非安全地带，所以现在已不适用。另外，关于台风强度的描述：极小规模、小型、中型、强度较弱以及普通强度，容易使人产生误解，现在也已停止使用。

70

夏季感到「疲倦」「困乏」是中暑的症状吗?

炎 热的夏季，如果你感到疲倦和困乏，也许是出现了中暑的症状。

中暑是人体无法适应暑热而引起的疾病。我们人体的体温升高时，会通过出汗来调节。如果这一功能遇到障碍就会出现中暑症状，主要表现为头晕目眩、肌肉酸痛、头痛、恶心等，严重时会出现昏迷，甚至死亡。在天气异常炎热的年份，因中暑而死亡的人数约有千人以上。

有人认为：抱怨天气热的人是忍耐力不够！但不论多么强健的人也都无法忍受暑热。天气炎热的时候，**请务必注意防暑降温，不要忍耐！** 如果感到身体不舒服，一定要立刻告诉周围的大人，迅速去阴凉的地方休息，喝水补充身体所需水分。为了能及时应对身边可能出现的中暑情况，我特意制作了一份应急措施流程图。请一定要向身边的大人求助，及时采取恰当的处置。

夏日的天空令人愉快，但有时也隐藏着暑热危险。希望各位有效利用暑热指数（第115页），安全度过高温酷暑的天气。

中暑的应急处置流程图

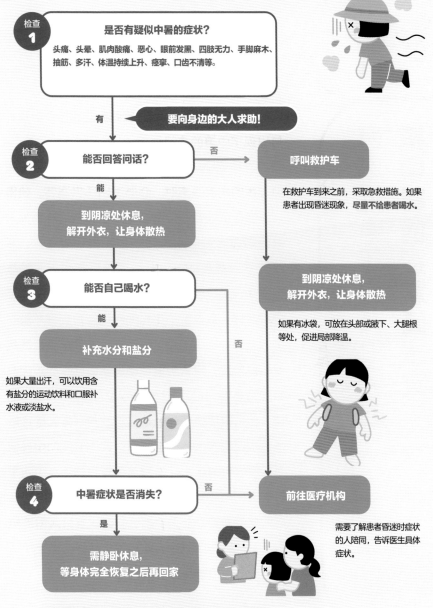

检查 1
是否有疑似中暑的症状？
头痛、头晕、肌肉酸痛、恶心、眼前发黑、四肢无力、手脚麻木、抽筋、多汗、体温持续上升、痉挛、口齿不清等。

有

要向身边的大人求助！

检查 2
能否回答问话？

否 → **呼叫救护车**
在救护车到来之前，采取急救措施。如果患者出现昏迷现象，尽量不给患者喝水。

能

到阴凉处休息，解开外衣，让身体散热

检查 3
能否自己喝水？

到阴凉处休息，解开外衣，让身体散热
如果有冰袋，可放在头部或腋下、大腿根等处，促进局部降温。

能

补充水分和盐分
如果大量出汗，可以饮用含有盐分的运动饮料和口服补水液或淡盐水。

否

检查 4
中暑症状是否消失？

否 → **前往医疗机构**
需要了解患者昏迷时症状的人陪同，告诉医生具体症状。

是

需静卧休息，等身体完全恢复之后再回家

※本流程图是作者根据日本环境省《中暑环境保健手册2022》修改制作的。

小知识
因中暑而死亡的患者约80%是老年人。因为老年人对于暑热和口渴等感知度下降，所以容易中暑。在炎热的夏季，需要劝导老年人多补充水分，无论是白天还是夜晚，都要注意调节室内温度。

71

日本近十年约有98％的城镇都曾遭遇过水灾

许多人都认为自己从未遭遇过暴雨引发的**洪水灾害**，这些自然灾害与自己无关。可是，据统计资料显示：**最近十年，日本约有98％的城镇都曾发生过水灾。**

当各位读者阅读到这里，希望各位能与家人共同探讨在遇到水灾时如何进行**避险自救**。避险并不只有去指定的避险场所或者亲戚家及旅馆酒店设施，还可以在自己家中躲避险情，形式多种多样。最重要的是，要通过标有灾害危险程度的**防灾地图**，事先了解自己所处的位置遭遇水灾的危险度。根据防灾地图确认自己家的防灾应急物品是否充足，自己和家人的身体状况是否健康，什么时候要去什么地方避险等，事先确定好适合自己和家人的避险方法。

各位可能认为探讨避险事宜有些夸张，如果有一天回想起来：曾经有过紧急避险的经历，万幸的是没有遇到险情！那么，因灾害给人们带来的痛苦就会有所减少。希望各位能更多地了解天气，与自然和谐共处。

发生洪水和泥石流灾害的城镇数量

总计： 1741个城镇（2019年）

- ■ **10次以上：** 1005个城镇 **57.7%**
- □ **5~9次：** 427个城镇 **24.5%**
- ■ **1~4次：** 268个城镇 **15.4%**
- □ **0次：** 41个城镇 **2.4%**

97.6%

洪水和泥石流灾害的发生件数（2010~2019年）
※日本国土交通省根据洪水统计资料制作。

确认事项

防灾应急包

家庭常备防灾物品

事先确认危险的地方！

重ねるハザードマップ　例：茨城県つくば市北部1 / 国土地理院　使い方　利用規約　ホーム

日本防灾地图网站图示

不要事不关己，高高挂起，为了预防万一会发生的灾害，要做到**有备无患**。

可以与家人和朋友探讨有关天气、灾害以及避险的话题。**更多地了解天气，与自然和谐共处。**

小知识

中国的暴雨预警信号标准主要分为四个等级，红色预警信号为最高级，其次分别用橙色、黄色和蓝色表示。暴雨强降水期间，请一定要更多关注天气预报预警信息，注意保护自身安全。

后记

各位读者朋友，你对自己喜欢的事情是否敢于明确表达呢？起初也许会觉得有些不好意思，不过，如果能常常大胆表达自己的喜欢，就会出现奇迹。通过语言表达这种心情，可以让人的情感不断高涨。所以，如果你能大胆表达就会把这份愉悦之情传递给身边的朋友，他们也一定愿意和你一起做各种有趣的事情。于是，你会发现更多的乐趣，还会对自己喜欢的事情产生更高的热情。

我小时候其实对云彩和天气并不感兴趣。但是，现在却能如此热衷于观察天空，这是因为身边有很多一起欣赏云彩的朋友。如果各位阅读完这本书，能够喜欢上云彩和天空，对它们产生一些兴趣，那么，我们就是云友啦。

平时，如果各位仰望天空，欣赏云彩，会很容易发现天气的变化，这非常有助于自我保护。如果各位能够把观察天空的乐趣传递给身边的朋友，或许未来在某个关键时刻可以挽救生命。希望各位不断扩大云友圈，让我们一起尽情地欣赏云彩和天空吧！

荒木健太郎

参考文献＆网站

『空のふしぎがすべてわかる！すごすぎる天気の図鑑』荒木健太郎（KADOKAWA）
『世界でいちばん素敵な雲の教室』荒木健太郎（三才ブックス）
『雲を愛する技術』荒木健太郎（光文社）
『雲の中では何か起こっているのか』荒木健太郎（ベレ出版）
『天気を知って備える防災雲図鑑』荒木健太郎（文溪堂）
『空を見るのが楽しくなる！雲のしくみ』荒木健太郎・津田紗矢佳（誠文堂新光社）
『ゼロからわかる天気と気象』荒木健太郎 監修（ニュートンプレス）
『天気と気象大図鑑』荒木健太郎 監修（ニュートンプレス）
『気象研究ノート 南岸低気圧による大雪 I・II・III』荒木健太郎・中井専人 編著（日本気象学会）
『一般気象学 第2版補訂版』小倉義光（東京大学出版会）
『空の名前』高橋健司（角川書店）『図解・気象学入門』古川武彦・大木勇人（講談社）
『雪と氷の疑問60』日本雪氷学会 編 高橋修平・渡辺興亜 編著（成山堂書店）
『雷の疑問56』鴨川仁・吉田智・森本健志（成山堂書店）
『天空の城ラピュタ』宮崎駿 監督（スタジオジブリ）『鬼滅の刃』吾峠呼世晴（集英社）
荒木健太郎（2021）『地上マイクロ波放射計による大気のリモートセンシング』テレワーク社会を支えるリモートセンシング（シーエムシー出版）
Bell, T. L. et al. (2008): Midweek increase in U.S. summer rain and storm heights suggests air pollution invigorates rainstorms. J. Geophys. Res., doi:10.1029/2007JD008623.
Nelson, J. (2001): Growth mechanism to explain the primary and secondary habits of snow crystals. Philos. Mag. A, doi:10.1080/01418610108217152.

気象庁『気象観測の手引き』
NICT『ひまわりリアルタイムWeb』
NASA『EOSDIS Worldview』
環境省『熱中症予防情報サイト』
環境省『熱中症環境保健マニュアル2022』
環境省『2100年 未来の天気予報』
国土交通省・国土地理院『ハザードマップポータルサイト』
防災アクションガイド

猜谜答案

第3页: 80个（粉色50个、蓝色19个、绿色11个）
第43页: 22度日晕、22度幻日、幻日环、太阳柱、上切弧、幻天顶弧、上侧弧、下侧弧（模糊）、帕里弧（非常模糊）
第149页: 云量: 10

　　　　低云族: 层积云（云量: 8）
　　　　现在天气: 降雪（73: 观测前1小时内未停，观测时强度正常）
　　　　过去天气: 降雪
　　　　气温: −0℃（−0.4℃～−0.1℃）
　　　　风向: 34（西北风）
　　　　风速: 5级
　　　　气压变量（气压变化倾向）: −1.4百帕（下降后保持稳定）

我的天气观察笔记

春分日

时间：	年　月　日（星期　　）　　时　　分 ~ 　时　　分	
地点：		气温：　　　　摄氏度
天气：　晴·阴·雨·雪·其他（　　　）		

绘制或拍摄一张今天（春分）的天空图

笔记：

我的天气观察笔记

夏至日

时间：	年 月 日（星期 ） 时 分 ~ 时 分	
地点：	气温：	摄氏度
天气： 晴·阴·雨·雪·其他（ ）		

绘制或拍摄一张今天（夏至）的天空图

笔记：

_____

_____

_____

_____

_____

我的天气观察笔记

秋分日

时间: 年 月 日(星期) 时 分 ~ 时 分	
地点:	气温: 摄氏度
天气: 晴·阴·雨·雪·其他( )	

绘制或拍摄一张今天（秋分）的天空图

笔记:

我的天气观察笔记

冬至日

时间:	年 月 日（星期 ） 时 分 ~ 时 分	
地点:		气温: 摄氏度
天气:	晴·阴·雨·雪·其他（ ）	

绘制或拍摄一张今天（冬至）的天空图

笔记：

_____

_____

_____

_____

_____

图书在版编目（CIP）数据

哎呀，天空竟然这样神奇：超有趣的天气图鉴 . 2 /
（日）荒木健太郎著；栾殿武译 . -- 北京：北京联合出
版公司，2025. 1. - · ISBN 978-7-5596-8085-3

Ⅰ. P44-49

中国国家版本馆 CIP 数据核字第 2024GA4344 号

MOTTO SUGOSUGIRU TENKI NO ZUKAN SORA NO FUSHIGI GA SUBETE WAKARU!
©Kentaro Araki 2022
First published in Japan in 2022 by KADOKAWA CORPORATION, Tokyo.
Simplified Chinese translation rights arranged with KADOKAWA CORPORATION, Tokyo
through BARDON-CHINESE MEDIA AGENCY.
Simplified Chinese translation copyright ©2025 by BEIJING TIANLUE BOOKS CO., LTD.
All rights reserved.

哎呀，天空竟然这样神奇：超有趣的天空图鉴2

作　　者：[日] 荒木健太郎
译　　者：栾殿武
出 品 人：赵红仕
选题策划：北京天略图书有限公司
责任编辑：杨　青
特约编辑：高　英
责任校对：钱凯悦
美术编辑：刘晓红

北京联合出版公司出版
（北京市西城区德外大街 83 号楼 9 层　100088）
北京联合天畅文化传播公司发行
北京盛通印刷股份有限公司印刷　新华书店经销
字数 120 千字　880 毫米 ×1230 毫米　1/32　11 印张
2025 年 1 月第 1 版　2025 年 1 月第 1 次印刷
ISBN 978-7-5596-8085-3
定价：98.00 元（全 2 册）